Walter Baumann

Von Menschen und Tauben

Walter Baumann

Von Menschen und Tauben

Erstaunliches, Wissenswertes, Kurioses

EDITION
Noack Block

Umschlaggestaltung unter Verwendung einer Abbildung
von Greg Brave – stock.adobe.com

Die Abbildung auf S. 21 stammt aus *Brehms Tierleben* (1895),
die Fotografien wurden vom Autor aufgenommen.
Das Gedicht auf S. 70 stammt aus *The Oxford Book of German Verse*, ed. H. C. Fiedler, Oxford 1939.

ISBN 978-3-86813-143-7
ISBN E-Book 978-3-86813-909-9

Herstellung durch Frank & Timme GmbH,
Wittelsbacherstraße 27a, 10707 Berlin.
Gedruckt auf säurefreiem, alterungsbeständigem Papier.

www.noack-block.de

Inhalt

Noahs drei Tauben **9**

Columcille, der Gründer von Derry **15**

Das Wort „Taube“ **20**

Wie ich auf die Taube kam **23**

In den Fußstapfen der Entdecker **34**

Tauben und der Olymp **42**

Die Felsentaube **44**

Die Wandertaube **52**

Weibchen und Männchen **56**

Verkehrsopfer **58**

Kolumbus mit oder ohne Taube **60**

Protestantische und katholische Tauben **62**

Der Heilige und der Onkel Franz **65**

Derek Goodwin (1920–2008) **69**

Tauben sind ängstliche Tiere **71**

Erste Flüge **75**

Wenn es zu viele sind **77**

Bomber statt Tauben **82**

Der Brooke Park-Brand **86**

Die Russen und die Tauben **91**

Sechs Fenstertypen **94**

Das Ei des Kolumbus **96**

Nochmals die Wandertaube **100**

Weiße Tauben **105**

Der Zugführer und die Tauben **113**

Onkel Fredy, der Bäcker **116**

Yul Brynner **119**

Die Ringeltauben-Plage **122**

Die Pfautauben **124**

Begegnung in Amiens **128**

Angriff auf einen Taubentransporter **133**

Goethe und die Tauben **135**

Taubenschwund in Straßburg **143**

Lord Bristol und die Türkentaube **147**

Wellingtons Taube **149**

Onkel Franz, der Taubensoldat **157**

Shakespeare und die Tauben **163**

1 Noahs drei Tauben

Als das wahrhaft Unwahrscheinliche eingetroffen war, der Kasten sage und schreibe auf dem Gipfel des Ararat festsaß, ließ Noah einen Raben ausfliegen. Gegen das Ausschicken eines Raben ist nichts einzuwenden. Das taten die primitiven Seefahrer wie die Wikinger auch. Statt Kompasshäuschen hatte man Rabenhäuschen an Bord. Der Kolkrabe, *Corvus corax*, war sogar Kompass und Radar in einem. Wenn der Rabe anfing, sich aufgeregt gegen die Gitterstäbe zu werfen, also aus dem Häuschen war, weil er aus dem Häuschen wollte, öffnete man den Ausflug. Er hatte Büsche und Bäume gerochen, das also, was seine Heimat ausmachte. Dort zog es ihn hin. Auch für die Seefahrer musste es in jener Richtung etwas geben, wenn nicht gerade ein steinreiches Kloster, so doch Süßwasser und Wildbret. Der Rabe war es wohl, der die nordischen Räuber auch an die Küste Irlands geleitet hat.

Das Dumme für Noah war natürlich, dass sein Kasten nicht mehr flottzumachen war. Wenn es Büsche und Bäume gab, waren sie außer Reichweite für den Raben, sodass er nicht aus dem Häuschen zu bringen war. Als Noah ihn ausschickte, flog er ganz ziellos hin und her. Da verlor Noah die Geduld und sattelte auf Tauben um. Gegen die Wahl der Tauben ist wiederum nichts Sachliches einzuwenden. Auch sie sind auf dem Wasser nicht zu Hause. Auch sie fliegen das erstbeste Ziel an Land an. Denn etwas Besseres als den Tod im Salzwasser können sie dort überall finden. Phönizische Schiffer sollen als Navigationshilfe statt Kolkraben Tauben mitgeführt haben. Verwunderlich ist nur, dass Noah mit den Tauben, die ja anfänglich ebenso versagten wie der Rabe, eine himmlische Geduld hatte. Auch der Rabe kann keinen Sitzplatz gefunden haben. Aber für ihn streckte Noah die Hand nicht aus. Der muss doch wegen Noahs Ungeduld, wenn nicht ganz, so doch fast verhungert sein, bevor das Gewässer auf Erden endlich austrocknete. Die Tauben, von denen er, wie von anderen reinen Tieren, sieben Paare, also einen ganzen Schlagvoll, besaß, machten ihn so sanft und langmütig, dass er volle sieben Tage zu warten imstande war, bis er die zweite Taube aussandte.

Das muss ein Täuber gewesen sein; denn der kam mit einem Ölzweig zurück, mit Nistmaterial also, und das eifrige Herbeischleppen solchen Materials ist vor allem charakteristisch für Männchen. Von einer Geschlechtertrennung unten den Tieren im Kasten vermeldet der Verfasser des ersten Buch Moses nichts, und es ist nur natürlich, dass die Tauben, die für das Brutgeschäft sowieso Kastenartiges bevorzugen, eben schon zur Anpaarung im Kasten übergegangen waren. So weit so gut. Bei dem, was von der Taube berichtet wird, die Noah nach abermals sieben Tagen geduldigen Wartens ausfliegen ließ, müssen wir jedoch unsere

Bedenken anmelden. Kam die tatsächlich nicht wieder zu ihm zurück?

Doch zunächst die Frage, ob das Ausschicken der dritten Taube noch Sinn machte. Dass nun wieder fruchtbares Land vorhanden war, davon hatte die zweite Taube sehr beredte Kunde gebracht. Auch hätte Noah wissen müssen, dass nicht jede Taube einen Ölzweig bringt. Als ein mitten ins Wasser verschlagenes Landtier, das nach seiner gewohnten Lebenssphäre schmachtet, kann die dritte Taube auch nicht angesehen werden; denn unter dem Kasten gab es ja genau die Art von Land, das anfangs die Heimat der Tauben war: Felswände. Der Chronist hat ohnehin nicht an die Tatsache gedacht, dass der Ararat mit seinen 5.165 Metern für manche Tiere im Kasten eine denkbar ungünstige Höhe war. Kurz, was geschah mit der dritten Taube?

Das Opfer eines Raubvogels, zum Beispiel eines Taubenfalken, konnte die Taube nicht geworden sein, denn die Raubvögel und alle übrigen Taubenfeinde wie die Katze und der Landwirt waren ja noch im Kasten. Vergiftetes Korn oder verdorbene Sämereien können es auch nicht gewesen sein, denn zu Noahs Zeiten gab es die Gewässerverschmutzung usw. noch nicht. Es mag sein, dass die Taube wegen des schlechten Lichts im Kasten einen Augenschaden erlitten hatte oder wegen Vitaminmangel herabgesetzte Gehirntätigkeit aufwies. Nachdem die Brunnen der Tiefe, samt den Fenstern des Himmels verstopft worden waren und also der große Regen zu Ende war, muss das Wetter ja annehmlich gut gewesen sein. Also keine Störung des Sonnenkompasses – falls die Taube einen solchen überhaupt hat – durch Nebel. Also keine abtreibenden Sturmwinde. In elektrische Drähte kann sie auch nicht geflogen sein.

Statistisch gesehen kommen nur wenige Tauben beim Ausflug um, selbst wenn ausgedehnte Wasserflächen zu überqueren sind. Ein sogenannter „fly-away“, ein Auszug nach einem kornreichen Ägypten, kommt bei Noahs dritter Taube auch nicht in Frage, denn ein solcher wird vernünftigerweise nur von mehreren Tieren zusammen unternommen. Wir stehen also vor einem Rätsel, nicht dem einzigen im Zusammenhang mit Noahs Menagerie, aber doch vor einem, das unsere Ansichten über die Tauben, vor allem über Brieftauben – und da Noah von ihnen Botschaften erwartete, muss es sich um solche gehandelt haben –, unangenehm erschüttert. Es hilft nicht zu sagen, dass Noah ebenso wenig von Vögeln verstand wie der Weimarer Geheimrat Goethe – wir lesen es bei Eckermann –, denn das Verhalten der Taube wird ja von Instinkten bestimmt, und dass bei Taube 3 gerade derjenige Instinkt versagte, für den die Brieftauben in aller Welt berühmt sind, der Heimattrieb also, das ist das Unerhörte.

Natürlich waren Noahs Tauben in einer schwierigen Lage. Wie alles Getier waren sie durch den himmlischen Dammbruch heimatlos geworden. Wo Noah seine sieben Taubenpaare aufgelesen hatte und wie weit sein Kasten vom ursprünglichen Standort abgekommen war, ist nicht überliefert. Es wäre verständlich gewesen, wenn Taube 1 sogleich vom Kasten in der Richtung der alten Heimat abgeflogen wäre. Dies war nicht der Fall, auch wieder aus verständlichen Gründen. Taube 1, wahrscheinlich ein Weibchen und möglicherweise gepaart mit dem Ölzweigbringer, also mit Taube 2, hatte sich während des fast einjährigen Einschlusses an den neuen Schlag, d. h. den Kasten, gewöhnt, und das sogenannte Treiben durch den Täuber hatte bei dieser Täubin auch schon die Hormontätigkeit angeregt, die zur Eibildung führt.

Wir wissen nicht, wie lange Taube 1 von Noah wegblieb. Es ist möglich, dass sie stundenlang um den Standort des alten Schlags gekreist ist. Aber es schaute ja nichts aus dem Wasser, und auf dem Wasser landen die Tauben ja eben nicht. Wenn der Taubenzüchter sein Domizil wechselt, verpackt er seine Tauben in Körbe und zerlegt den Schlag, baut ihn am neuen Ort wieder auf und ist zur Hoffnung berechtigt, dass seine Lieblinge nach jedem Freiflug den gewohnten Schlag am ungewohnten Ort wiederfinden. Es kann sein, dass Noahs Tauben schon vor dem himmlischen Dammbruch den Kasten als ihren Schlag betrachteten. Der Verlad der Tiere dauerte gewiss Wochen, wenn nicht Monate. Die Rückkehr von Taube 1 auf Noahs Hand lässt sich also mindestens auf zwei Arten erklären. Das Verhalten von Taube 2 macht uns, wie schon gesagt, auch keine Schwierigkeiten. Mit Taube 3 kommen wir leider nicht weiter. Der Verlust einer Taube von vierzehn Tauben ist ja zu verkraften.

Wie wäre es aber gewesen, wenn Noah statt sieben Taubenpaaren nur ein Paar an Bord genommen hätte, sagen wir aus Versehen oder weil er als Weinbauer nichts für Tauben übrighatte. In diesem Fall wäre Taube 3 entweder Taube 1 oder Taube 2 gewesen. Dann hätte es aber nach der Sintflut gar keine Tauben mehr gegeben. Der Verlust von Taube 3 in Form von Taube 2, dem Täuber also, hätte zwar nicht auch noch zum Verlust der Eier geführt, diese wären aber unfruchtbar geblieben, mögliche Essware für Noah und Familie, aber nichts mehr für die Zukunft. Reisetauben, gezüchtet von Tausenden, hätte es nie gegeben. Wäre Taube 3 Taube 1 gewesen, die Täubin also, hätte Noah nicht einmal Frühstückseier gehabt, und es wäre das beste gewesen, wenn ihm gleich eine gebratene Taube ins Maul geflogen wäre, statt einer noch gefiederten auf die Hand.

2 Columcille, der Gründer von Derry

Wo ich jetzt wohne, wurden erstmals Hütten gebaut von einem, der sich schon als Bub mit Vorliebe wie eine Taube in Zellen einnistete. Die anderen Buben, die diesen Königssohn in der Zelle auch noch gurren hörten – dafür hielten sie sein stundenlanges Psalmodieren –, müssen über ihn gespottet haben, als sie ihn Colmcille, Zellen- oder Kirchentaube, nannten. Doch die Stadt Londonderry, die später auf dem gleichen Hügel wie die Zelle des Heiligen emporwuchs, heißt auch heute noch in allem Ernst, bei denen, die Irisch sprechen, Doire Columbkille, Eichenhain der Zellentaube. Im Kirchenlatein war der Name zwar nicht Columb*us*, sondern Columb*a*, obwohl er wie Kolumbus auf Reisen ging, allerdings nicht aus reinem Entdeckungsdrang, sondern aus schwerer Buße. Er war, als in Taras hoher Halle sein Streit mit Finian wegen der Urheberrechte an einer Psalmenabschrift mit dem Spruch „Jeder Kuh gehört ihr Kalb“ gegen ihn ausfiel, nicht friedlich wie eine Taube in seine Zelle zurückgekrochen, sondern hatte seine Verwandtschaft, ganz Ulster und Connacht, also halb Irland, zur blutigen Schlacht aufgerufen. Nicht umsonst hatten ihm seine Eltern noch einen zweiten Namen gegeben: Crimthain, Wolf. Das Werk seiner Buße aber, seine Klostergründung auf einer Hebrideninsel, bekam wieder einen Taubennamen; denn in Iona steckt, wie bezeichnenderweise ein Namensvetter, Otto von Taube, festgestellt hat, das hebräische Wort für lateinisch Columba.

Wo ich jetzt wohne, kam es 1688 erstmals zu einer Jugendbewegung. Als die Truppen des katholischen Stuart-Königs, Jakobs II., aufs Stadttor zu marschierten, gab es auf der Stadtmauer niemanden außer dreizehn rotznäsigen Lehrlingen. Vom Stadtkommandanten Lundy und seinen Bewaffneten keine Spur, und das Tor stand nach wie vor offen. Weil dreizehn gaffende Lausbuben naturgemäß nie aufs Maul fallen, ergoss sich auch hier von der Stadtmauer herab ein endloser Schwall von Flüchen und Gotteslästerungen. Bei solcher Hochstimmung liegt dann eben die nächste Lausbubenidee auf der Hand: die Verriegelung des Stadttors. Da sie nicht in die Geschichtsbücher passten, setzte man statt der Flüche den theatralischen Ausruf *NO SURRENDER!* Keine Kapitulation! Die dreizehn Jugendlichen sind zwar alles andere als vergessen. In ganz Irland und anderswo gibt es Apprentice-Boys-Vereine, die nur wegen ihnen Lehrlinge heißen, aber gestandene Männer sein können. Doch aus ihrem spontanen und übermütigen Scherz ist leider mörderischer Ernst geworden. Jedenfalls hat seit der heroisch überstandenen Belagerung von Derry in den Jahren 1688–1689 kaum jemand wahrgenommen, was der Heilige Columba seinerzeit auf jedem Ast seiner geliebten Eichen sitzen sah: Weiße Engel, das heißt Friedenstauben.

Und trotzdem wurde, wo ich jetzt wohne, der Zweite Weltkrieg gewonnen. Zumindest hat einer, der es ja wissen musste, in einer Festrede gesagt, dass man ohne den Foyle-Fluss in Derry den Krieg verloren hätte. Fast jedes Schiff der alliierten Flotte lag wenigstens einmal im Foyle. In den Wirtschaften von Derry soll es hoch hergegangen sein, während in den neugotischen Hallen von Magee College in Verbindung mit der Kommandozentrale Liverpool die Atlantikschlacht ausgeheckt wurde. U-Boote soll es immer genug gegeben haben, 1945 fast alle, die von der deutschen Flotte noch übrig waren. Im Weiteren hat hier am Lough Foyle, zwanzig Meilen meerwärts von Derry, einer seine Kindheit verbracht, der sehr großen Anspruch auf den Siegertitel im Zweiten Weltkrieg hatte. Er wohnte in Moville, als gerade noch die letzten Segelschiffe das altberühmte irische Exportgut an seinem elterlichen Haus vorbei über den Atlantik nach Quebec, St. John, New York und Philadelphia verfrachteten: Menschenfleisch. Solange genug davon auf die Segler verladen werden konnte, natürlich nach Bezahlung, gab es in Derry Schiffsbesitzer. Als man mit den Dampfern von Liverpool oder Glasgow billiger auswandern konnte, verschwanden sie, denn die Leerfahrten nach Nordamerika, um dort Mais und Weizen zu laden, lohnten sich nicht. Den in Moville Aufgewachsenen müssen die Segelschiffe durchs ganze Leben verfolgt haben, wie mich die Fliegenden Festungen und Liberatoren, die dort, wo ich herkomme, in geringer Höhe über unser Haus strichen.

Monty, d.h. Feldmarschall Bernard Montgomery (1887–1976), war zwar einverstanden mit seinen zahlreichen Geschwistern, als nach dem Tod der Mutter, die noch als einzige der Familie dort gewohnt hatte, beschlossen wurde, das Haus in Moville zu verkaufen. Aber als er in seiner Dakota mit den Silberflügeln, damit auch ja aus einem Habicht eine Taube werde, von Long Kesh, wo jetzt die H-Blocks stehen, nach Derry flog, um seine Ehrenbürgerschaft in Empfang zu nehmen, hieß er den Piloten über seinem Heimatort im Tiefflug zu kreisen. Und als er New Park erblickte, soll er gesagt haben: „It looks just the same, my dear old Irish home!" Ja, eben irisch, nicht mehr britisch, weshalb der Familienbesitz wohl auch verkauft wurde. So musste Monty seinen Lebensabend statt in Moville in Hampshire verbringen. Immerhin kamen ihm so seine idyllischen Erinnerungen an die Grüne Insel nicht abhanden, und er konnte das reale Irland ebenso links liegen lassen wie die meisten anderen Protestanten mit irischer Abstammung.

Wo ich jetzt wohne, wurde jeder und alles verdächtigt. Jeder Korb, auch jedes sonstige Gepäckstück wird beschaut, befühlt, beschnüffelt und behorcht. Also auch die Tragkörbe für die Tauben. Es kommt vor, dass man gefragt wird, ob man den Tauben etwas an die Beine, unter den Schwanz oder an die Flügel geheftet habe. Von Terroristentauben habe ich bis jetzt nichts gehört; aber dort, wo ich jetzt wohne, wurde auch schon ein Taubenzüchter, der bei der Polizei Fotograf und zugleich nordirischer Korrespondent des Londoner *Racing Pigeon*-Magazins war, von zwei Jünglingen, die sich als Züchtergenossen ausgaben und dadurch ohne weiteres zu den Tauben geführt wurden, im Taubenschlag meuchlings erschossen.

3 Das Wort „Taube“

Die Etymologie des Wortes *Taube* ist „dunkel“, nein, nicht obskur, sondern „dunkel“, wörtlich. An den Tauben scheinen die Indogermanen immer nur die dunkle, schwarzblaue Färbung gesehen zu haben. Ein Zusammenhang mit altirisch *dub*, „schwarz“ ist möglich, und so hat Dublin vielleicht auch etwas mit Tauben zu tun. Erst die Franzosen dachten daran, dass Tauben auch Lärm machen, vor allem die Jungen, die auf Englisch *squeakers*, „Schreihälse“, heißen. *Pigeon* kommt vom spätlateinischen *pipionem*, im Nominativ *pipio*, das abgeleitet ist von *pipare* oder *pipiare*, „piepen“ oder „piepsen“. Kluge erwähnt, dass diese den Laut junger Vögel nachahmende Bildung allen Lautgesetzen gespottet habe. War das, weil das Gequietsche der jungen Vögel eben unverändert auf uns zugekommen ist? Natürlich hatte man vergessen, dass nur der nach Futter schreiende Jungvogel gemeint war, als *pigeon* im Französischen *colombe*, im Englischen *dove* und im Italienischen, als *piccione* das frühere Wort *colombo* – armer Christoforo – zu verdrängen begann.

Dem so herrlich klingenden spanischen Wort *la paloma* haftet trotz allem ebenfalls das Dunkle der Taube an, im lateinischen *palumbis* oder *palumbus*, das jetzt im wissenschaftlichen Namen der Ringeltaube, *Columba palumbus* – warum auch nicht *Columba palum-*

ba – erscheint. Die Felsentaube, *Columba livia* – immer schön feminin, nie *Columba livius* – die Urahnin aller Haustauben, ist nicht die schwarzblaue, sondern die bleigraue Taube. Das Gefieder der Tauben hat sich dann auch immer mehr aufgehellt, während sich die ursprünglichen Bedeutungen der Wörter für *Taube* immer mehr verdunkelt haben.

Die Urahnin aller Rassetauben, die Felsentaube

Schon die ersten Züchter von Haustauben wollten nicht die dunkle Taube reproduzieren, sondern sie waren von Anfang an versessen auf weiße Nachkommenschaft. Die Tauben, die der Istar-Astarte heilig waren und in Babylon gezüchtet wurden, waren weiß. Nun heißt es sogar, dass die weiße Haustaube vom Orient nach Griechenland gekommen sei, und das auf abenteuerliche Weise. Im Jahre 492 vor Christus – also 1984 Jahre vor Kolumbus, entdeckten die weißen Tauben westwärts gelegenes Land, nachdem sie über das Schwarze Meer gekommen waren.

Es war aber keine natürliche Migration, sondern die Schiffe, auf denen die Tauben wohl in Käfigen mitgeführt wurden, erlitten Schiffbruch. Das war die Flotte des Persers Mardonios, die am Vorgebirge Athos kläglich zerschellte. Die Tauben, die entkommen konnten, retteten sich an die Küste von Thrakien und verbreiteten sich schließlich auch über das eigentliche Griechenland. „Perser können es nicht gewesen sein", heißt es im Artikel „Taube" bei Pauli-Wissowa, „die beim Schiffbruch der Flotte Tauben an Bord hatten; denn so heilig die Tauben bei den Verehrern der Istar-Astarte gehalten wurden, so verhasst waren sie den Persern. Semitische Schiffsmannschaften, die auf persischen Schiffen oder Hilfsschiffen Dienst taten, Phoiniker oder Syrer, müssen es gewesen sein, die aus religiösen Gründen weiße Tauben … mit sich führten."

Merkwürdig, wie hier einmal das versklavte Tier von Sklaven sich einen Platz an der Sonne erobert, und dann noch an der griechischen Sonne. 492 vor Christus, 1984 Jahre vor Kolumbus, also schon Expansionspolitik einer weißen Rasse, einer speziell gezüchteten, herkommend von der dunklen, schwarzblauen oder wenigstens bleifarbenen.

4 Wie ich auf die Taube kam

Immer wieder fragen mich auch Freunde, wie ich überhaupt auf die Taube gekommen sei. So habe ich große Übung beim Erzählen dieser Geschichte.

Eben waren wir umgezogen. Das neue Haus liegt knapp 200 Meter Luftlinie vom alten entfernt, an der gleichen Straße, nur so um eine mit herrschaftlichen Bäumen bewachsene runde Ecke, die man im Auto am besten nicht mit Blitzesschnelle nimmt. Die Bäume gehören leider dem Nachbarn, aber im Herbst besitze ich doch den größten Teil der Blätter. Verglichen mit Nachbars Garten ist unserer recht bescheiden; aber da ich für Rasenpflege, Rosendüngen und -stutzen, Heckenschneiden, Jäten, Blumensähen und -pflücken oder gar Gemüseanbau nicht zu Hause bin, fand ich ihn doch zu groß. Mit dem Stück Land hinter dem Haus musste also etwas geschehen. Im Hinterhof des alten Hauses – dort war mir der hintere Garten nicht zum Problem geworden, denn einen solchen gab es gar nicht – lagen noch einige, zum Teil verfaulte, Holzbalken und Bretter. Wenn ich die in den neuen Garten mitnehme, dachte ich, brauchen sie nicht weiter zu verfaulen. Ich könnte doch daraus etwas bauen, etwas, in dem man vielleicht Tiere halten kann. Es müssen die alten Pfosten gewesen sein, die mir schließlich die Idee gaben, etwas Anstandsartiges zu bauen, einen

Hochsitz. Es war also Jäger- oder Pfahlbauerromantik. Plötzlich gefiel mir die Vorstellung, dass es in unserem Garten zugehen könnte wie in einem Taubenschlag. Und was vermag diese Wirkung besser hervorzubringen als die Tauben selbst. Aber wo nehme ich die Tauben her? Natürlich hatte ich die Stadttauben gesehen, die in Schwärmen von Hunderten den oben offenen Futterlastwagen nachflogen, sich auf den vom Getreidestaub bedeckten Dächern der Futtermühlen niederließen, um sich dann wieder auf die verschütteten Körner auf den Kaianlagen und den Lagerschuppen zu stürzen. Aber wer könnte solche Tauben schon einfangen und zähmen? Damals wusste ich noch nicht, dass dort, wo ich jetzt wohne, in hundertfünfzig oder mehr Schlägen jährlich dreitausend oder mehr Brieftauben gezüchtet werden. Einer meiner Kollegen war bekannt als Hobbyornithologe. Dem legte ich nun mein Taubenproblem vor. Ja, das Halten von Tauben sei eine gute Idee. Er habe als Bub auch Tauben gehabt. Und er habe meistens eine mit auf den Schulweg genommen und dann auf dem Pausenplatz aufgelassen. Manchmal habe er auch eine kurze Meldung um ein Taubenbein gewickelt, die seine Mutter immer mit Stolz gelesen habe; denn sie habe die Tauben auch lieb gehabt und sie sogar in der Wohnung geduldet. Ja, Tauben seien doch für Kinder viel interessanter als Hamster oder weiße Mäuse. Mein Sohn bevorzugte allerdings die weißen Mäuse, und wenn es nach ihm gegangen wäre, hätte ich im Garten eine Eisenbahnanlage bauen müssen.

Aber ich wollte nun einfach Tauben. Da müsse man eben in eine Zoohandlung gehen, sagte mein Kollege.

Nun waren die Zoohandlungen unserer Stadt entweder ausgebombt oder aus sonstigen Gründen nicht mit käuflichen Tieren bestückt. Als ich den Inhaber des schon am häufigsten zerstörten, aber immer in anderen Räumlichkeiten neueröffneten Geschäfts nach Tauben fragte, fand er das eine komische Frage. Hätte ich nach Hunden gefragt oder sogar Pferden, wäre nichts dabei gewesen. Aber nach Tauben! Er ist ein höflicher Mensch, und doch rümpfte er, glaube ich, die Nase. Nein, Tauben habe er in seinem Laden noch nie gehabt. Da müsse ich schon zu den Züchtern gehen. Die hätten sicher welche zu verkaufen. Da sei einer, da oben auf dem Rosemount, der kaufe bei ihm das Futter und alles Zubehör. An Zubehör habe er alles, da seien Futtertraufen, Tränken, Nistschalen, auch Vitaminzusätze und Medikamente und natürlich die verschiedenen Futtersorten. Aber Tauben, die hätten nur die Züchter. Heute bin ich überzeugt, dass der Besitzer dieser Samen-, Garten- und Zoohandlung zwar seit einigen Jahrzehnten Taubenfutter und Zubehör verkaufte, aber noch nie einen Taubenschlag von innen gesehen hatte. Hier ist das Halten von Tauben eben nur ein verachtetes Hobby der Arbeiterschicht.

Aber ich wollte meine Tauben, und abends ging ich auf den Rosemount. Da war hinter dem Haus in der Tat ein Taubenschlag mit Voliere. Aber Tauben sah ich wegen der Dunkelheit nicht. Ich klopfte vorn an die Haustür. Eine Frau öffnete. Ob ihr Mann vielleicht Tauben zu verkaufen habe? Ja, sie wolle ihn rufen. Schließlich kam er. Ich wiederholte die Frage. Wie ich das meine? Ja, er habe Tauben, erstklassige Reisetauben, aber die seien unbezahlbar. Billige Tauben halte er nicht. Auf Riesenausgaben für Tauben war ich zwar nicht gefasst gewesen. Aber so schnell war ich nicht zu entmutigen. Ich erzählte ihm von meiner Absicht, in meinem Garten einen Taubenschlag zu bauen. Ob ich denn wisse, was ein Taubenschlag sei? Eigentlich hatte ich keine Ahnung. Ja, ich hätte ein paar Pfosten und Bretter. Aus denen könne man sicher einen Schlag zusammenbasteln. O nein, so einfach sei das nicht. Die Tauben brauchten Platz, Licht und Luft. Ohne einen richtigen Schlag gehe es nicht, und der koste Geld, viel Geld. Mein Hochsitz für die Tauben, dieses vom Boden vielleicht zwei Meter abgehobene, zwei bis drei Kubikmeter große Vogelhäuschen stürzte zusammen, ehe ich mir noch eine Säge angeschafft hatte. Jetzt waren meine Tauben nicht einmal mehr auf dem Dach. Der Mann muss gespürt haben, dass mir die Tauben aber doch am Herzen lagen. Ja, ob ich denn hinter dem Haus keinen Schuppen habe, der für die Tauben verwendet werden könne. Ja, ich hätte sogar zwei, in dem einen seien aber die Kohlen und in dem andern der Torf. Ach, der Torf brauche doch nicht überdacht gelagert zu werden. Der brenne auch, wenn er nass geworden sei. Ich solle doch meinen Torfschuppen in einen Taubenschlag verwandeln. Für sechs oder sieben Paare sollte es schon Platz geben. Nur müsse die Lüftung in Ordnung sein, sonst sei der Schlag feucht, und die Tauben würden krank. Jetzt hatte ich plötzlich wieder Mut, und ich kam wieder auf seine Tauben zu sprechen. So fürchterlich teuer konnten die doch auch nicht sein. Aber der Züchter war einfach nicht dazu zu bringen, einen Preis zu nennen. Nein, für einen Anfänger seien seine Tauben nichts. Ob ich die Absicht habe, an Wettflügen teilzunehmen. Daran hatte ich noch nicht gedacht. Nein, ich wolle nur Tauben für den Garten. Jetzt spürte ich, dass mich dieser Besitzer von erstklassigen Reisetauben bemitleidete. Ja, für diesen Zweck seien irgendwelche schöngefärbte Täubchen gut genug. Aber solche habe er wirklich nicht. Bei Brieftauben komme es nicht auf die Schönheit des Gefieders an, und seine Ausschussware wolle er mir auch nicht anhängen. Ich solle doch einmal bei Jim Knox vorbeigehen. Der sei der Präsident der Foyle Racing Pigeon Society. Vielleicht könne er mir sagen, wo ich Tauben für meinen Zweck bekommen würde. Seine Hochleistungstauben, die schon alle einen Wettflug aus Frankreich hinter sich hätten, seien, wie gesagt, nichts für mich, und überfordern wolle er mich auch nicht, als Anfänger. Nur gar zu gern hätte ich seine Tauben bestaunt. Aber ich wagte nicht zu fragen, ob er mir seinen Schlag zeigen könne. Wahrscheinlich hätte er sowieso Nein gesagt, denn ein Fremder macht die Tauben nervös, und es war auch schon Nacht. Der Schlaf ist wichtig bei Tauben. Die Taubenzüchter, die ich später kennenlernte, hätten mir aber auch unter diesen Umständen, wenn nötig mit einer Taschenlampe, ihre Tauben gezeigt. Mein erster Kontakt mit einem Taubenzüchter war also untypisch. Doch gerade weil er die Schwierigkeiten des Taubenhaltens so betonte, ließ ich nicht locker, bis ich tatsächlich Tauben hatte.

So ging ich nach Hause und schaute mir den Torfschuppen zum ersten Mal richtig an. Nein, da gab es keine Lüftung. Da musste vorn ein Maschendrahtabschluss hin, da mussten Löcher durchs Backsteinwerk geschlagen werden, ein Loch für Aus- und Einflug und weitere Löcher für die Lüftung. Hätte es im Schuppen elektrisches Licht gegeben, hätte ich wohl gleich mit dem Umbau begonnen. Am andern Morgen musste ich unbedingt damit anfangen, auch wenn es St. Patrickstag war, damals zum ersten Mal ein allgemeiner Feiertag in ganz Nordirland und nicht nur bei den Katholiken. Aber St. Patrick hätte sicher nichts dagegen gehabt, wenn er gewusst hätte, dass diese Arbeit mich einem seiner Mitheiligen sehr nahebringen würde. Ob St. Patrick selber etwas mit Tauben zu tun gehabt hat – ja, wer weiß?

Aber zunächst war da eine Unmenge an Torf. Und vom Umzug her gab es noch so unsinnig viel Gerümpel, Schachteln und Kisten, auch noch verrostetes Werkzeug, das seit hundert oder mehr Jahren von jedem Hausbesitzer in diesen Schuppen geworfen worden war. Wohin damit, in einem Land, wo die Häuser keine Keller haben? Doch für die Tauben musste Platz geschaffen werden, und zum Glück hatte ich ein gutes Verhältnis zu den Männern der Müllabfuhr. So leerten sie sogar auch unsere mit Bauschutt gefüllten Eimer; denn schon rückte ich den alten Backsteinmauern zu Leibe. Wie ein Taubenschlag innen auszusehen hat, wusste ich zwar immer noch nicht. Einmal hatte ich ein Taubenhaus gesehen, bei Stratford-upon-Avon, ein rundes, mit den im Englischen sprichwörtlich gewordenen eingemauerten *pigeon holes*. Aber das war eine Behausung für Tauben, die gemästet und dann gegessen wurden. Als ich eine Zeitlang Radioamateur werden wollte, fand ich alles, was man darüber wissen muss, in der öffentlichen Bibliothek. Vielleicht gab es dort auch Bücher über die Taubenzucht. Die gab es tatsächlich, wenn auch nur sehr wenige und, wie ich jetzt sagen würde, zumeist ziemlich primitive. Aber ich bekam doch so langsam eine Ahnung, sägte und hämmerte an der Schlageinrichtung bis tief in die Nacht und muss deshalb bei den Nachbarn sehr beliebt gewesen sein.

Wo die Tauben herkommen würden, das war immer noch die große Frage. Da traf es sich, dass unser Fensterreiniger sich für mein Sägen und Hämmern interessierte. Ja, er kenne ein paar Taubenzüchter. Die könnten mir sicher Tauben vermitteln. Jetzt baute ich wieder mit größerer Zuversicht. Ich weißelte die Backsteinwände und machte mir nichts daraus, als ich mir mit dem Kalk die Hände verbrannte. Ich brachte Maschendraht an und war stolz auf meine aufgerissenen Hände. Beim Befestigen der Dachpappe fiel ich von der Bockleiter. Auch hatte ich fürchterliche Rückenschmerzen vom Umzug her. Aber der Taubenschlag musste nun einfach eingerichtet werden. Schon war ich prinzipiell zur Aufnahme von Tauben bereit. Inzwischen hatte ich auch den Taubenclubpräsidenten kennengelernt. Der hatte mich beim Ausbau des Schuppens ein bisschen beraten. Aber auch er konnte mir keine Tauben verschaffen. Die eigenen hatte er nicht zu verkaufen.

Weil der Taubenclubpräsident die Lüftung noch mangelhaft fand und sowieso noch keine Tauben vorhanden waren, entschloss ich mich zum ersten Umbau. Damals wurde bei uns im College gerade ein Anbau erstellt. Die herumliegenden Holzstücke reizten mich immer wieder zu neuen Modifikationen. Die halbverfaulten Pfosten und Bretter aus dem alten Hinterhof hatten ohnehin nicht weit gereicht. Auch gab es noch weitere Nistzellen und Sitzplätze zu basteln. Beim Durchbruch der Backsteinmauer für den zusätzlichen Lüftungsschacht wäre fast das ganze Taubenhaus eingestürzt. Der über hundert Jahre alte Mörtel hatte seine Bindekraft ganz verloren. Doch jetzt gab es fast alles, was Tauben und ihr Züchter brauchen, auch Futtertraufen und Tränken, auch Schälchen mit Futterkalk und Grit, dem richtigen Zusatzfutter, nur noch keine Tauben.

Umso mehr las ich in den Zeitschriften über Taubenzucht, die mir der Clubpräsident geliehen hatte. Als ich ein Bündel zurückbrachte, fand er auch, dass ich nun endlich Tauben haben sollte, und er gab mir eine seiner Jungtauben. Es sei ein Täuber, sagte er. Er habe noch nie Ausflug gehabt und könne also leicht an meinen Schlag gewöhnt werden. Da hatte ich nun erstmals eine lebende Taube in der Hand. Weil sie mir auf dem Heimweg hätte entfliegen können, steckten wir sie in eine Papiertüte. Zu Hause konnten sie es kaum glauben. Da hatte ich nun eine Taube, und dazu noch ein so schönes Tier, mit weißem Köpfchen, braungrauer Brust und ganz weißen Schwingen. Natürlich musste der junge Täuber gleich einen Namen haben. Meine Frau schlug Ebenezer vor. Das wurde gleich zu Ebbie verkürzt. Er war die einzige unserer Tauben, die je eine Auszeichnung bekam, den fünften Platz in der Jungtäuberklasse, nicht fürs Fliegen, sondern für seine Schönheit.

Ebbie, unsere erste Taube

Doch Ebbie schien anfänglich von meinem Schlag nicht beeindruckt, verkroch sich in eine Nistzelle und rührte tagelang kein Futter an. Schließlich setzte er sich dann doch auf das Landebrettchen zwischen Schlag und Voliere, sodass ich ihn vom Studierzimmer aus beobachten konnte. Aber er wollte einfach nicht fressen. Ich ließ den Taubenclubpräsidenten kommen. Nein, nein, das Tier sei nicht krank, es fremdele nur. Das sei meistens so bei versetzten Tauben. Und dann seien da auch noch keine Gefährten. Nach etwa zehn Tagen fraß Ebbie seine Bohnen mit Heißhunger. Nun konnten wir mit dem Flugtraining beginnen, denn der Hunger würde ihn zum Schlag zurücklocken. Als er erstmals vom Ausflugbrettchen in die Höhe stieg, verfing er sich im noch kahlen Geäst der großen Bäume des Nachbarn. Weil er keine Vorbilder hatte, setzte er sich nicht gleich aufs Hausdach. Auch kam er, als er schließlich das Dach bevorzugte, auf den Schieferplatten arg ins Rutschen. Nach ein paar Tagen fing er an, seine einsamen Runden zu drehen.

Nun wollte ich den großen Moment nicht länger aufschieben. Mit dem Auto fuhr ich etwa zwei Kilometer vom Haus weg, stellte den Korb mit Ebbie aufs Autodach und wartete etwa zehn Minuten. So hatte ich es gelesen. Dann öffnete ich die Ausflugklappe. Ebbie blieb eine halbe Minute auf der Klappe stehen. Dann flog er auf, kreiste ein paarmal und zog dann tatsächlich Richtung Heimat. Als ich nach Hause kam und in den Schlag schaute, war da noch kein Ebbie. Erst zwei Stunden später war er zurück. Weitere Übungsflüge, über größere Distanzen, verliefen ähnlich. Unsere Freunde belächelten den ärmlichen Erfolg meiner Taubenliebhaberei, aber ich hoffte, dass ich es schließlich doch noch auf einen grünen Zweig bringen würde.

5 In den Fußstapfen der Entdecker

In meiner vorkolumbianischen Zeit, also der Zeit vor meiner Entdeckung der Tauben, waren sie mir nur ein Begriff aus dem Lied, in dem man sie im Park vergiften geht. Einen Wahrsager, der mir prophezeit hätte, dass ich dereinst ein Taubenfreund würde, hätte ich selbstverständlich für verrückt gehalten.

Kolumbus, der Entdecker mit dem Taubennamen, beschäftigte mich aber schon ganz früh. Der Tag seiner Landung auf Guanahani, der 12. Oktober 1492, war das erste Datum, das ich mir einprägte. Doch schon bevor ich lesen konnte, trat ich in seine Fußstapfen. Ich sei schon vor dem schulpflichtigen Alter auf Entdeckungsreisen gegangen, bestätigte meine Mutter. Die Nachbarinnen hätten sie oft gewarnt wegen meiner Soloausflüge. Aber sie habe jedes Mal gesagt, sie habe keine Angst, dass ich den Heimweg nicht finden würde. Ich muss betonen, dass der Schweizer Straßenverkehr während des Zweiten Weltkriegs den Müttern keine großen Sorgen machte. Außer Velos, wie die Fahrräder in der Schweiz heißen, und Pferdefuhrwerken gab es fast nur Fahrzeuge mit Holzvergaser, die es kaum über zwanzig Kilometer pro Stunde brachten. Mein ungestörtes Training verdanke ich demnach nicht zuletzt dem Benzinmangel. Ich bin also ein Kriegsgewinnler.

Hätte mein Vater seine Landkarten von Südamerika, auf denen es noch weiße Flecken gab, nie auf dem Stubentisch ausgebreitet, und hätte er das ausziehbare Messingfernrohr, das ihm beim Vogelschießen auf dem Titicacasee gedient hatte, nicht mehr besessen, wäre mein Entdeckertrieb vielleicht nie erwacht. Jedenfalls nicht ohne Fernrohr. Ohne Fernrohr konnte ich mir einen Entdecker nicht vorstellen. Leider kam der Moment, wo sich mein Interesse nach innen wandte, ich das Innere des Fernrohrs entdecken wollte. Dabei ging das Objektiv kaputt und die Fernsicht verloren.

Im Kielwasser der Entdecker schwamm ich erst wieder, als mir der 12. Oktober 1492 ebenso geläufig war wie mein eigener Geburtstag. Am meisten fesselten mich die Polarforscher. Dass die Polargebiete das wahre Eldorado der Entdecker darstellten, leuchtete mir ohne weiteres ein. Wo sonst gab es noch so viele weiße Flecken? Selbst der Tod war dort weiß. Doch wenn man Hütten baute, brauchte man vor ihm keine Angst zu haben. Stundenlang saß ich über dem Plan von Kapitän Robert Falcon Scotts Winterquartier am Kap Evans. Nicht satt sehen konnte ich mich an der Fotografie, auf der Kapitän Scott in seiner Polarklause, umgeben von Gestellen mit dicken und dünnen Büchern, Socken, Leibwäsche und Pelzsachen und von Instrumenten wie Chronometer, Sextant und selbstverständlich einem Fernrohr, in Skihosen und Hausjacke – der Uniformrock der königlichen Marine liegt reglementmäßig gefaltet neben ihm – auf dem Bett sitzt und, die erkaltete Pfeife zwischen Zeige- und Mittelfinger der Linken, den Bleistift wie ein Musterschüler schön locker in der Rechten, den Oberkörper und den auffallend eiförmigen Kopf in gleichfalls mustergültiger Aufrechthaltung, das Tagebuch mit der Pfeifenhand in korrekter Schräglage auf dem Klapptisch offen haltend, seine tägliche Eintragung macht.

Glücklicherweise waren damals dort, wo ich herkomme, die Winter noch besser, mit Schnee bis in die Niederungen. Da war gut sein. Da bauten wir Schneehütten, und wir fühlten uns wie Kapitän Scott und seine Leute. Nur dass uns der weiße Tod nicht ereilte, denn wir kamen von unseren Ausflügen immer wieder zurück, und der Schneehüttenschnee hielt uns warm.

Starken Auftrieb erhielt meine Sehnsucht nach dem Weiß der Polargebiete, als ich einen der eigentlichen Helden der arktischen und antarktischen Unternehmen kennenlernte, einen Polarhund. Verwandte von uns hatten ihn von einem Holzhacker für einen Holzhacker erworben, das heißt, ein Bekannter, der in den kanadischen Wäldern Holzfäller gewesen war, hatte ihnen den Hund für eine Fünfzigernote, auf der damals noch Hodlers Kraftmensch mit Axt abgebildet war, verkauft. Weil er im englischen Sprachraum aufgewachsen und weil er, wie es sich für einen echten Polarhund gehört (dachte ich), schneeweiß war, nannte man ihn Snowy. Als wir einmal Samstag und Sonntag bei diesen Verwandten auf Besuch waren, schloss sich Snowy, der Polarhund, sogleich mir an. Ein klarer Fall von Wahlverwandtschaft. Nichts interessierte mich an jenem Wochenende mehr als der Polarhund. Während die andern sich bei einem Fußballmatch heiser brüllten, konzentrierte ich mich mit vollem Ernst auf Snowys Dressur als Schlittenhund. Statt der Leine befestigte ich zwei Schnüre am Halsband. Das waren die Sielen, und ich selbst war zugleich der Schlitten und der Lenker. Snowy bellte vor Freude. Wir waren beide zum Aufbruch bereit.

Weil es in seinem indianischen Amerika oder amerikanischen Indien keine weißen Flecken mehr gab, war ich von *Kolumbus* auf Robert *Falcon* Scott gekommen, also vom Täuber auf den Falken. Dass sich Tauben und Habichte oder Falken nicht in einem Käfig großziehen lassen und dass mein Falke die Taube ist, konnte ich damals, allein schon aus Mangel an philologischen Kenntnissen, nicht wissen. Auch fiel mir niemals ein, dass es in unmittelbarer Nähe, in der Luft, weiße Flecken geben konnte, weiße Tauben nämlich. Aber für Tauben war ich noch blind. Ich hatte keine Ahnung, dass die Schweizer Armee neben Saumtieren, Zug- und Reitpferden auch Meldetauben hielt. Ich hatte keine Ahnung, dass der Vater meines Altersgenossen, der sich eines Tages zu Hause auf seinem Zimmer die Laufmündung des Karabiners in den Mund steckte und sein verzweifeltes Gehirn an den Wänden verteilte, sich schon damals, leider ohne besänftigende Wirkung auf den Sohn, mit Leib und Seele der Rassetaubenzucht verschrieben hatte. Und ich hatte keine Ahnung, dass es dort, wo ich herkomme, im Lindengut, seit dieses ein öffentlicher Park ist, einen Schlag voll Pfautauben gibt. Ich muss ständig in die Ferne geschaut haben, zum Süd- oder Nordpol zum Beispiel, und von warmen Schutzhütten, von im Schnee eingegrabenen Polarhunden und vom Sausen der Schlittenkufen geträumt haben. Jedenfalls verstand ich nicht, dass auf jenen weißen Flecken nicht einmal Noahs Taube auf einen grünen Zweig gekommen wäre.

Die Pfautauben, so schneeweiß wie Snowy, der Polarhund, hätten mich wirklich interessieren sollen; denn sie waren ursprünglich aus dem Land gekommen, das Kolumbus auf dem westlichen Weg leider nie erreicht hat. Vergeblich wartete Indien, das Land der Pfauschwanztaube, auf Kolumbus, den Täuber.

Vor allem aber hatte ich keine Ahnung, dass es die typische Schweizertaube schon lange vor dem typischen Schweizer gab. Sie ist ein für alle Mal beschrieben worden vom deutschen Plinius, der eigentlich der lateinisch schreibende Zürcher Conrad Gesner war und der dank seines Dolmetschers für das *Schweizer Idiotikon* zur maßgebenden Taubenautorität wurde. Die Geburtsstunden der deutschen Schriftsprache in der Schweiz fallen somit zusammen mit dem Anbruch der kolumbianischen Zeit. Ergo: Am Anfang war die Taube.

Und wie hätte ich wissen können, in meiner Taubenblindheit, in meiner taubenstummen Welt, dass Zürich einen Taubenwart hatte. Kranke Tauben, so las ich am Vogelbriefkasten der Voliere bei der Rentenanstalt, sollen nicht dort, sondern auf dem Kantonspolizeiposten beim Rathaus abgegeben werden. Mit der Polizei haben die Tauben zwar nichts mehr zu tun. Seit etwa 1950 war für sie das Forstamt zuständig. Aber sie wohnten noch unter dem gleichen Dach, die Hüter des Gesetzes und der Hüter der Tauben. Zudem befand sich im Dachgeschoss einer der vier städtischen Taubenschläge, in denen je ungefähr fünf Dutzend Straßentauben aus der öffentlichen Hand gefüttert wurden. Für wen das böhmische Dörfer sind, der hat eine gute Nase; denn die Strasser, beziehungsweise Strosser oder Straußtauben stammen tatsächlich aus dem Böhmischen Becken, gelten aber, da die meisten gut zürcherisch blauweiß sind, nicht mehr als Ausländer, erfreuen sich also, sogar im Auge des Gesetzes, eines ungehinderten Kommens und Gehens.

So gut haben es aber die von manchen Ornithologen noch immer hochmütig vernachlässigten, in beinahe allen Städten der Welt vorkommenden verwilderten Haustauben auch in Zürich nicht. Bei ihnen muss der Taubenwart leider ins Brutgeschäft eingreifen. Mit dem Flachboot namens Weidling fährt er auf der Limmat, dem Schanzengraben und der Sihl unter die Brücken, wo ein Großteil von ihnen – jetzt wo in fast jedem Haus der Dachstock gegen Haustauben vergittert ist – doch noch, wie Clochards, ein Obdach gefunden hat, und nimmt ihnen die Eier weg. In dem Vierteljahrhundert, während dem die Zürcher Taubenpopulation, dank solcher Geburtenkontrolle, von rund sechstausend auf zweieinhalb- oder dreitausend zurückgegangen ist, muss der Taubenwart über eine Million Taubeneier vernichtet haben. Wenn wir den Dachstock nicht vergittern würden, wären diese Tauben noch heute unsere Hausgenossen. Aber wir kämen erst um Vernichtungsaktionen herum, wenn sie uns wieder, ihrer Bestimmung gemäß, als gebratene Tauben ins Maul flögen. Und wieso auch keine Taubeneier essen? Ein bisschen Werbung wie „Zum Frühstück Taubeneier: Das macht dich lieber und treuer!" oder „Besänftige dich mit Taubeneiern!" und schon wären sogar die Zürcher Clochard-Tauben ins Wirtschaftsleben einbezogen. Überhaupt wird Zürich von manchen anderen Städten beneidet. Während andere Städte die Tauben vergiften und doch auf keinen grünen Zweig kommen, sammelt Zürich die Eier ein und löst so das Taubenproblem, obendrein noch ganz billig. Auch politisch schlägt dieser Erfolg zu Buche. Stadträte, die wiedergewählt werden wollen, können es sich nicht leisten, eine der größten Wählergruppen, die Tierfreunde, zu verärgern. Da ist es gut, dass sie einen im Eierweidling ganz im Stillen von Brücke zu Brücke rudernden Taubenwart hatten und nicht wie in anderen Städten mit drakonischer Strenge vorgehen mussten.

Und doch musste der Taubenwart manchmal mit seiner Kleinkaliberflinte ausrücken. Tauben, die Bankhäuser beschmutzen, werden selbst in Zürich nicht geduldet. Aber der Abschuss muss in aller Herrgottsfrühe unternommen werden, wenn es keine Passanten gibt, die das brühwarm ihrem Leibblatt als neusten Skandal anbieten. Auch gibt es Zürcher, die durch den Lärm der seit den Fünfzigerjahren sich stark ausbreitenden Türkentaube um den Sommermorgenschlaf kommen. Sonst ruft man bei nächtlichen Ruhestörungen die Polizei. In diesem Fall aber soll der Taubenwart für Ruhe sorgen. Das Gurren sollte verboten sein, wie das Teppichklopfen vor sieben Uhr morgens. Kann aber jemand, den schon der flötende Deca-octo-Ruf der Türkentaube aus der Ruhe bringt, überhaupt als achtzehnkarätig gelten? Mich jedenfalls stören die Tauben nicht, im Gegenteil, jedes Gurren und Rucksen sagt mir immer wieder von neuem, dass ich nach langer Irrfahrt endlich mein Land, Kolumbien, das Taubenland, entdeckt habe.

6 Tauben und der Olymp

Träger, Spediteure sogar, waren die Tauben schon zur Zeit des Göttervaters Zeus. Da handelte es sich nicht nur um Briefe, um leichteste Lasten also, sondern um die Haupt- und Leibspeise der Götter. Die musste täglich auf den Olymp gebracht werden, aus dem äußersten Westen, wahrscheinlich aus dem Garten der Hesperiden. Welch ungeheure Aufgabe für die Tauben! Zwar gab es noch den Nektar, den Hebe kredenzte. Aber mit der halben Unsterblichkeit wäre es aus gewesen, wenn die Tauben die Beschaffung der Ambrosia eingestellt hätten. Auf ihrem Flug zum Olymp hatten es die armen Tauben auch noch mit besonders perfiden Feinden zu tun, Symplegaden, den alleszerquetschenden Felsen. Da täglich eine Taube beim Durchflug ums Leben kam, musste Zeus jeden Tag eine neue hinzufügen, damit man ja den Taubenschwarm am Himmel unverändert erblickte. Sieben Tauben hätten sicher nicht genügend Ambrosia transportieren können für die doch eher zahlreiche Götterschar. Sind es denn wirklich nur sieben Sterne in den Plejaden, dem Taubenschwarm?

Doch am Himmel gibt es noch eine ganz besondere Einzeltaube. Diese war am allerschwierigsten Unternehmen beteiligt. Denn wie kommt man überhaupt aus der einen Welt in die andere? Der blinde Seher riet den Argonauten, die Tauben des Zeus nachzuahmen. Statt eines Schwarms nahmen sie allerdings nur eine Taube mit. Als die Argo zwei Bootslängen von den Quetschfelsen entfernt war, ließ man die Taube los. Die Felsen, die jedes Lebewesen blitzschnell packen, erwischten lediglich ein paar Schwanzfedern der Taube. Und so schoss die Argo in der Öffnungsphase pfeilschnell hindurch in die andere Welt. Es ist nicht klar, weshalb die Taube davonkommen musste. Die Argonauten wären trotzdem zur Zeit der negativen Zangenbewegung durch die Felsen hindurchgekommen. Die Göttin, die den Argonauten beistand, Athene oder Hera, jedenfalls belohnte die Taube. Sie wurde an den Himmel versetzt, als Columba. Es wäre natürlich rührender gewesen, wenn sie sich für die Argonauten aufgeopfert hätte und wenn sie darauf am Himmel ihre Auferstehung erlebt hätte.

7 Die Felsentaube

Dort, wo ich jetzt wohne, bin ich den Ahnen näher, als dort, wo ich herkomme. Um sie zu finden, brauchte ich nicht nach Nordafrika, Spanien, sonst in ein Mittelmeerland oder in den Orient zu reisen. Ein Blick auf die Verbreitungskarte der Felsentaube, der Stammart der Haustaube, hat mich belehrt, dass ich dort, wo ich jetzt wohne, in einem ihrer wenigen nördlichen Brutgebiete lebe. Wäre ich schon früher ein Leser des guten alten Brehm gewesen – Alfred hatte vom Vater her, dem ersten deutschen Peristerologen, die Tauben im Blut –, hätte ich gewusst, dass vor dem Ersten Weltkrieg gerade in meiner jetzigen Nachbarschaft, in Donegal – worüber die Brehmbearbeiter von einem einheimischen Naturforscher Bericht hatten – dieser als Felsen-, Stein-, Grotten- oder Ufertaube bekannte Vogel „sehr zahlreich" war – allerdings wohl nicht so zahlreich wie in Rilkes Tagen im Karst beim Schloss Duino. Sonst hätte sich auch hier ein besonderer Jagdbrauch entwickelt, sonst hätten auch hier Knechte weiße Tücher geschwenkt, nicht zum Zeichen des Friedens, sondern um die „bleichen taumelnden Tauben" aus den Höhlen aufzuscheuchen und dem Schrotflintenhagel der Herren auszuliefern. Sonst hätten solche Taubenschießen die in der Regel abwesenden Grundherren wenigstens einmal im Jahr nach Irland gelockt.

Erst als mir bewusst wurde, dass ich hier dem Gral, der *Columba livia*, so nahe bin, begann ich, mich mit Vogelkunde abzugeben. Da fuhr ich mit der einschlägigen Literatur und einem 10x50-Feldstecher als Begleiter die schmalen Küstenstraßen entlang, stieg häufig aus, wenn es das atlantische Wetter zuließ, suchte die Klippen nach Höhlen ab und sah immer nur Meeresvögel, aber keine Felsentaube. Einmal versuchte ich es beim Giant's Causeway. Dort träfe ich sie bestimmt, hatte mir ein ornithologisch versierter Naturfreund gesagt. Aber ich fand die rund 40.000 fünf- oder sechseckigen Basaltsäulen, die letzten Spuren des Riesendamms zwischen Irland und Schottland, leer. Auf der Hinfahrt hatte ich in Gedanken die ganze Felsentaubenkolonie auf den oben schön flachen Säulenstümpfen sitzen gesehen. Einen besseren Platz an der Sonne konnte ich mir nicht vorstellen, und für den Taubentanz, bei dem der balzende Täuber sich um die eigene Achse dreht und den Kopf auf und ab wippt, wie ein tanzender Kosak die Beine, schienen mir die oben platten Säulen ideal. Enttäuscht wandte ich dem Meer den Rücken zu und schlug den steilen Weg zum Klippenrand ein. Auch hier bot sich dem Feldstecher nichts dar. Aber plötzlich flogen zwei rabenschwarze Vögel knapp über meinen Kopf. Flügelspannweite enorm, überall schwarz, auch am Schnabel, keilförmiger Schwanz. Schnell das Vogelbuch gezückt! Waren es Kolkraben? Auch Krähen sind rabenschwarz, aber nicht *so* groß, dachte ich.

Oben auf der mit Heidekraut und Stechginster durchwachsenen Schafweide sah ich zwei Männer beim Ausbessern der Umzäunung. Ich ging auf sie zu, denn ich hatte das Bedürfnis, es mir von irgendjemandem bestätigen zu lassen, dass ich Raben gesehen hatte. Bauern wissen über Vögel meistens ordentlich Bescheid. Ob sie auch zwei tiefschwarze Vögel gesehen hätten und ob das Raben gewesen seien, fragte ich. Der ältere der beiden, vielleicht der Vater, sagte, ja, es gebe viele Vögel. Ob ich gekommen sei, die Mäusebussarde zu beobachten? Es seien schon viele mit ihren Feldstechern hier gewesen. Offensichtlich hatte er nicht auf meine Frage gehört, sondern hatte beim Anblick meines Feldstechers gleich angenommen, ich sei, wie sonst ein Naturfreund, nur der ornithologischen Sensation, des wiedereingewanderten Mäusebussards wegen, hier hinaufgestiegen. Weil ich in den Vogelbüchern nur die Abschnitte über Tauben gut studiert hatte, war mir dieses Ereignis neu. Ich wusste aber, dass die schwarzen Kerle keine Bussarde gewesen sein konnten. Ich wiederholte meine Frage, und diesmal bekam ich meine Bestätigung. Raben, sagte er, ja, Raben habe es hier schon immer gegeben. Auf diesen Felsen habe er sie schon als Knabe brüten sehen. Und jetzt beginne ja gerade wieder die Brutzeit. Raben werden sehr alt, sage man, und er frage sich, wer älter sei, er oder die Raben.

Nun hätte ich eigentlich weiter fragen sollen. Sicher hätte der alte Bauer auch über die Felsentauben Auskunft geben können. Aber jetzt hatte ich nur noch die

Raben und die Rabenklippen im Kopf. Ich bedankte mich, ging und dachte an bleiche Knabenrippen. Schon nach wenigen Minuten flog wieder ein Rabe über mich hinweg, so hoch, dass ihn selbst der Feldstecher nicht genügend heranholte. Immerhin sah ich, dass er sich „akrobatischen Flugspielen" hingab. Das sei in der Balz kennzeichnend, las ich in meinem Vogelbuch. Kurze Zeit später kam er zurück, segelte etwas unterhalb des Klippenrands an mir vorbei, und was hörte ich da? Das Kolk-kolk des Kolkraben. Das war wohl das Männchen, das dem Weibchen Nistmaterial zutrug. Ein Ölzweig kann es nicht gewesen sein, denn in Nordirland gibt es das nicht.

Da war ich ausgezogen, um die Felsentaube kennenzulernen und hatte den Raben gefunden, den Sündenbock unter den Vögeln. Es wird gesagt, der Rabe sei deshalb nicht zu Noah zurückgekehrt, weil er unter der Arche ein (vorsintflutliches) Aas gesichtet habe. Das war sein Abfall. Noahs Fluch soll ihn kohl-, beziehungsweise kohlrabenschwarz gemacht haben. Angeschwärzt wurde er erst durch die Kirchenväter. Sie erklärten ihn zum Prinzip des Bösen schlechthin. Der Taube andererseits verliehen sie alle christlichen Tugenden – allerdings nicht der tumben blauschwarzen Felsentaube, sondern nur der schneeweißen Verwandten. Mir persönlich leuchtet es nicht ein, weshalb die Theologen die Taube von allem Dunklen lossprachen, den Raben jedoch schonungslos ihrem *colour prejudice*, ihrem Vorurteil gegen alles Schwarze, aussetzten. Warum eigentlich haben sie Christus, diese Ausnahmeerscheinung, den weißen Raben genannt?

Nach der Begegnung mit dem viel gescholtenen Raben wurden mir die Urahnen meiner Tauben plötzlich gleichgültig. Jetzt hielt ich es nur mit den Vögeln des Meeres. Da wimmelte es nur so von Namensvettern des Raben. Besonders angetan hatte es mir der Basstölpel, der weiße Seerabe, mit seinem Stoßtauchen, mit seinen Sturzflügen aus Aussichtsturmhöhe. Dabei standen ihm die schwarzen Spitzen seiner langen Flügel ausgezeichnet, und er schien mir alles andere als ein Tölpel oder Tollpatsch. Dass auch die Sage von der Rabenmutter, die ihre Brut im Stich lässt, üble Nachrede ist, zeigte mir mein Feldstecher klar und deutlich am irischen Hauptbrutplatz der Seekrähe oder Krähenscharbe. Auf diesen Rabenklippen im äußersten Norden der Grünen Insel werden die Jungvögel ebenso liebevoll gehudert wie in einem Taubenschlag. Der Seerabe mit den weißen Flecken an den Wangen und den Schenkeln, der Kormoran, empfiehlt sich allein schon durch die Art, wie er mit halbausgespannten Flügeln aufgerichtet auf Felsen und Bojen Wache hält.

Von den Raben dehnte sich meine Verehrung zu den Alken aus, auf die nordischen Tauchvögel mit kurzem Hals, kurzen, schmalen Flügeln und weit zurückgesetzten Beinen. Über die dort, wo ich jetzt wohne, berühmte, schwindelerregende Seilbrücke tappte ich hinüber nach Carrick-a-Rede, wo sich die Trottellummen zusammen mit den Tordalken und den Dreizehenmöwen auch noch auf den unscheinbarsten Simsen der Felswände im Frühsommer voller Geschrei, aber doch friedlich, dem Brutgeschäft hingeben. Bei Balz und Brunst benehmen sich die Trottellummen übrigens keineswegs trottel- oder lümmelhaft. Die weiße Brust dem Meer zugekehrt sitzen die Paare, bevor das Ei gelegt wird, beständig zusammen, liebkosen sich mit den Schnäbeln, reiben die Hälse gegeneinander, und wo *er* hinfliegt, will auch *sie* hinfliegen, und wo *sie* hinschwimmt, will auch *er* hinschwimmen. Ein Paar wie es im Buche steht. Daher rufe ich: Liebt euch wie die Trottellummen!

Obwohl ich mich ketzerisch auf die Seite des Sündenbocks, des Raben, geschlagen hatte, noch immer nach vorwiegend schwarzen Vögeln Ausschau hielt und manchen Liter Benzin verbrauchte, nur um endlich auch einmal den Vogel mit dem rotblaugelben Schnabel, den Papageitaucher, zu sehen, kam ich doch ganz unverhofft wieder auf die Taube zurück. Zwar nicht auf die Felsen-, sondern auf die Seetaube, die auch Tauchertaube oder Grönländische Taube genannt worden ist, heute aber meistens den Namen Gryllteiste trägt. Ich lag bäuchlings an einem Klippenrand. Es war einer der seltenen heiteren Sommertage. Mit dem Feldstecher suchte ich die Felsvorsprünge und das sonnenklare Wasser ab. Plötzlich schwamm da etwas Schwarzweißes mit knallroten Füßen. Jetzt tauchte das Tier, und siehe, aus den Flügeln wurden Schwimmflossen. Zum Glück hatte ich neben Petersons *Vögel*

Europas auch *The Seabirds of Britain and Ireland* bei mir, denn hier fand ich gleich auf dem Schutzumschlag eine Abbildung dieses Wesens mit dem herrlich weißen Spiegel auf den Flügeln und den leuchtend roten Füßen. Erst zu Hause, als ich gelesen hatte, dass der Volksmund diesen Vogel sowohl im Deutschen als auch im Englischen mit der Taube in Verbindung brachte, ging mir auf, was mich so mächtig angezogen hatte. Die Gryllteiste, *Cepphus grylle*, hatte plötzlich meine Rabenhäresie erweicht. Dass sie bei Brehm, im Gegensatz zu anderen Lummen, einen Stein im Brett hatte, hing ganz offensichtlich auch mit ihrer Taubennatur zusammen. Er beurteilte ihr Betragen als „sanft, gutmütig und verträglich".

Als ich kurz darauf wieder einmal zum nördlichsten Punkt Irlands, nach Malin Head, fuhr, um zu sehen, wie es in der Seekrähenkolonie stand, drängten sich mir erneut die Seetauben auf. Gut zwei Dutzend tummelten sich auf der ruhigen Wasserfläche zwischen dem Festland und den Vogelbergen, schwammen schön in offener Einerkolonne, machten ganz unerwartet alle rechtsum kehrt oder tauchten in alle Richtungen. Einzelne entdeckte ich auch in Felsspalten, beim Brüten auf dem Vogelberg. Jetzt verstand ich auf einmal, weshalb dieser Vogel auch „Rock Dove" heißt. Wie ich nun mit dem Feldstecher alle Ritzen und Höhlen systematisch absuchte, wäre ich wie vom Schlag getroffen umgefallen, wenn ich nicht schon im Gras gelegen wäre. Da hatte ich nicht etwa ein weiteres

Exemplar der sich entenhaft hinkauernden schwarzweißen Seetaube oder „Rock Dove“ vor mir, sondern – es geschehen noch Zeichen und Wunder – den Vogel, um dessentwillen ich überhaupt mit der Vogelkunde angefangen hatte. Ja, da saß sie, die Livia, die Bleifarbene, Bläuliche mit den zwei schwarzen Flügelbinden, der schwarzen Endbinde am Schwanz und dem weißlichen Bürzel. Die Seetaube, die nicht einmal ein Taubenvogel ist und nur vergleichsweise als „Rock Dove“ gelten kann, hatte mich endlich doch noch zur richtigen Felsentaube, zu *Columba livia*, gebracht. Da saß sie also, der Urgrund meines Dichtens und Trachtens, saß und sonnte sich, graublau auf dem grauen Felsen am blauen Meer. Im zehnfachvergrößernden Feldstecher sah ich sie nah und groß genug, um die dunklen blauroten Füße, den schwarzen Schnabel und den schillernden Hals zu erkennen. Ich hatte sie erreicht, und sie blieb doch fern. Ich musste an Gustav Kramer denken, den Ornithologen, der beim Aufsuchen von Felsentaubennestern zu Tode gestürzt war. Als ich, nach langem geduldigem Suchen, noch zwei weitere echte Felsentauben in den Feldstecher bekommen hatte und zufrieden zum Auto zurückging, fiel mein Blick auf eine Wasserlache. Weniger als eine Sekunde lang war darin das Spiegelbild von Vögeln im Flug zu sehen. Sofort schaute ich auf und sah gerade noch, dass sie weiße Flügelunterseiten hatten. Und jetzt sah ich sie von hinten. Da war auch der weiße Bürzel. Also Felsentauben.

8 Die Wandertaube

Seit 1914 gibt es die Wandertaube, *Ectopistes migratorius*, auf Englisch „the passenger pigeon", nicht mehr. Insofern war sie typisch amerikanisch, als man ihr nur mit Superlativen gerecht wurde. Hatte sie doch schon vor wer weiß wie vielen tausend Jahren im „Land der unbegrenzten Möglichkeiten" mit ihren Riesenbrutkolonien die Millionenstädte unserer Zeit vorweggenommen. Wenn sich an Tagen, an denen kein Gewitter im Anzug war und auch nicht gerade eine Sonnenfinsternis stattfand, der heitere Himmel über dem Urwald plötzlich verdunkelte, waren es nicht die Wanderheuschrecken wie in Ägypten, sondern diese reizvollen, schiefergrauen Tauben mit den weißbraunen Schwungfedern und dem spitzen Schwanz. Solchen Taubenschwärmen war ebenso wenig mit Zahlen beizukommen, wie den Schwärmen der Fledermäuse, die ehemals bei Carlsbad in Neu-Mexiko durch ihr Ein- und Ausfliegen dafür sorgten, dass es in den größten Tropfsteinhöhlen der Welt zuging wie in einem Taubenschlag. Und doch waren die Wandertauben keine eigentlichen Zugvögel. Ihr Wandertrieb hatte viel weniger mit dem Wechsel der Jahreszeiten zu tun als mit ihrem enormen Futterbedarf.

Allein schon der Ton der Berichte von ornithologischen Beobachtern, die das Glück hatten, die Wandertaube noch zu erleben, macht deutlich, was für ein unglaublicher Anblick ein solcher Vorbeizug von wilden Tauben gewesen sein muss, voller Eleganz und Luftakrobatik. War da ein Habicht, der von oben auf den Schwarm niederstieß, schlossen sich die Tauben, zum besseren Schutz, enger zusammen und schnellten wellenartig zugleich vorwärts und aufwärts. Selbst unsere Ritter der Luft, Richthofen usw., hätten wohl von solchen Manövern noch etwas lernen können. Es kam aber auch vor, dass die Tauben beim Passieren der im neunzehnten Jahrhundert immer häufiger werdenden Siedlungen zu tief flogen und an Hochbauten wie Kirchen zerschellten. Und wenn sie zur Fütterung und zum Übernachten in der Nähe einer Siedlung landeten, lauerte ihnen der Tod noch in anderer Gestalt auf.

Vitrine im Royal Ontario Museum (Toronto) mit ausgestopften Wandertauben

Als ich erfuhr, dass die Siedler nachts die arglos schlafenden Tauben unter anderem mit Stangen und alten

Leintüchern von den Bäumen geschüttelt und eingesammelt haben, musste ich unwillkürlich an die Flugjahre der Maikäfer denken. Auch ich habe als Bub schlafende Kreaturen auf alte Leintücher geschüttelt und dabei Geld verdient. Es fällt selbstverständlich niemandem schwer, die Vernichtung der Maikäfer als notwendige Schädlingsbekämpfung hinzunehmen. Dass man aber Tauben vernichten sollte, weil sie, wie zum Beispiel in Venedig, zu Schädlingen geworden sind, ist für unsere von Tierliebe geprägte Zeit ein unangenehmer Gedanke. Zarte Gefühle dieser Art kommen im Zusammenhang mit der Wandertaube allerdings zu spät, denn die Siedler haben ganze Arbeit geleistet. Hätte man nicht schon vorher einige Exemplare ausstopfen lassen, wäre man auf die zu Unrecht bewunderten Abbildungen von Audubon angewiesen und wüsste kaum mehr, wie diese Taube wirklich ausgesehen hat.

An bescheidenen Zucht- und vor allem Kreuzungsversuchen ließ man es zwar selbst in Europa nicht fehlen. Schon zu Linnés Zeiten nahm ein französischer Edelmann mehrmals Wandertauben aus den kanadischen Wäldern mit sich zurück in die Alte Welt, offenbar mit der Absicht, diese Neuweltvögel auf seinem Stammsitz freizulassen und einzubürgern. Als Gouverneur von Nouvelle France musste er ja gesehen haben, dass seine Landsleute nicht ohne ihre europäischen Haustauben an den Sankt-Lorenz-Strom gezogen waren. Was aber in Nordamerika mit der *Columba livia* und später mit Vögeln wie den Spatzen und den Staren mühelos gelungen ist, war in Europa mit der Wandertaube vor allem darum nicht möglich, weil sie leider keinerlei Veranlagung hatte als Kulturfolgerin. Der irische Vogelfreund, der bei Tralee um 1848 eine flugunfähige Wandertaube auflas, von der er sehr wahrscheinlich zu Unrecht glaubte, sie habe den Atlantik aus eigener Kraft bezwungen, konnte sie wohl gesund füttern und zwei Jahre in einem Schlag zusammen mit anderen Tauben am Leben erhalten. Doch zähmen ließ sie sich ebenso wenig wie die Wildnis selbst. Hätte er sie befreit, wäre sie, in einer Welt, in der die Jagdflinte häufig und das Wild spärlich geworden war, wie die wenigen anderen Wandertauben, die an verschiedenen Orten Europas auftauchten und vermutlich alles entflogene Käfigtiere waren, in kürzester Zeit in einen Kugelregen geraten.

Und es half alles nichts. Am 1. September 1914, also knapp einen Monat nach dem Ausbruch des Ersten Weltkrieges, starb im Zoo von Cincinnati die letzte Wandertaube, ein Weibchen namens Martha, das jetzt ausgestopft im Naturhistorischen Museum in New York den Betrachter an einen friedlicheren Umgang mit der Natur ermahnen soll.

9 Weibchen und Männchen

Bei den Tauben ist das Geschlecht schwer zu bestimmen, vor allem bei ungepaarten Jungtauben. Auch bei den Namen Columba und Kolumbus mag man diesbezüglich Schwierigkeiten haben. Aber das ist noch lange nichts verglichen mit den geschlechtlichen Schwierigkeiten im Deutschen.

Wirklich verlässliche äußere Geschlechtsmerkmale haben die Tauben nicht. Auch die Namen Columba und Kolumbus geben keinen Hinweis auf das Geschlecht ihrer Träger, wobei allerdings *columba mia*, mein Täubchen, doch eher auf ein Mädchen bezogen wird. Columba als Name für einen Jungen ist zwar in guter Gesellschaft mit Agricola, *nauta* und *poeta*. Immerhin war der Geschlechtsname des *nauta* in Italien Colombo, weil dort das allgemeine Wort für Taube ein Maskulinum ist. Nun kann man sich im Deutschen mit Männchen und Weibchen behelfen. Aber das finde ich feige. Das ist, wie wenn man im Gespräch alle Dus und Sies vermeidet, weil man sich nicht entschließen kann, ob man berechtigt ist, den andern zu duzen. Um fortfahren zu können, verwenden wir einstweilen Sie und Er.

Im Allgemeinen ist Er größer als Sie. Er tänzelt und gurrt auch mehr, ist also der aktivere von beiden. Wer eine Taube auf dem Rücken einer anderen Taube stehen sieht, kann sicher sein, dass Er der Besteigende ist und Sie die Bestiegene. Für einen Heiligen wäre der Name Kolumbus vielleicht doch weniger geeignet als der Name Columba. Denn das Sanfte ist doch eher etwas Feminines, und wenn es im Deutschen nicht *die* Taube hieße, wären wir wahrscheinlich weniger sentimental bei solchem Gerede. Der Friede ist zwar maskulin, und doch macht uns die weiße Friedenstaube als weibliches Wesen mehr Eindruck. Mit den Engeln geht es mir gleich. Ich meine, wie könnten männliche Engel Engelshaare haben?

Wer weder das Tänzeln und Gurren, noch das Besteigen hat beobachten können, ist erst dann ganz sicher, dass er es mit Ihr zu tun hat, wenn er Sie beim Eierlegen erwischt. Es wäre vielleicht besser, wenn man zu dem eierlegenden Teil des Paares „Täubin" sagte und zu dem andern Teil „Täuber", oder „Tauber" oder „Täuberich"? Weder Duden noch Grimm lassen sich hier auf eine Bezeichnung festlegen. In der Schweizer Taubenzeitung heißt es aber meistens „Täuber" und „Täubin", und in Taubenclubs in der Schweiz sagt man wohl immer „Tüüber" und „Tüübin".

10 Verkehrsopfer

Meine erste Berührung mit einer Taube fand in Zürich statt. Ich war auf dem Weg zum Hauptbahnhof. Da sah ich, wie eine Frau mittleren Alters mit hässlichem Hut und Brille auf etwas Graues auf der Fahrbahn starrte. Nur diese eine Frau tat es, sonst niemand. Das Graue zuckte noch. Es war eine Taube. Zwischen Kopf und Rumpf floss Blut. Der Hals war wohl gebrochen. Der Schnabel stand offen. Die hellgrauen Lider bedeckten die Augen fast vollständig. Das Tier zuckte mit dem Körper und schnappte nach Luft. Ich sah das nur flüchtig, wie viele andere Passanten wohl auch. Eben wollte ich vorbeigehen, als die Frau mit Hut und Brille mich mit der Hand am Ärmel berührte. Ob ich das arme Tier nicht aufheben könne? Sie getraue sich nicht. Aber man könne doch die arme Taube nicht einfach so liegen lassen. Irgendwie konnte ich dem Bitten der Frau nicht widerstehen. Ich wagte mich auf die Fahrbahn, stellte die Mappe neben mich, bückte mich und hob das zuckende Tier mit beiden Händen auf. Es zeigte keine Scheu. Jetzt umfasste ich die Taube mit der linken Hand und nahm meine Mappe wieder auf. Inzwischen war aber die Frau mit Hut und Brille verschwunden. So war ich allein mit meiner Taube. Was nun? Mit nach Hause nehmen konnte ich die Taube nicht. Ich schaute mich um. Aber von den vielen Vorübergehenden interessierte sich niemand für meine Lage. Niemand hielt an. Niemand, den ich hätte fragen können. Da erblickte ich einen Stadtpolizisten. Er war gerade daran, die langen weißen Handschuhe anzuziehen, aber ich erreichte ihn gerade noch, bevor er auf die Verkehrskanzel zuschritt. Ob er die Taube übernehmen könne? Gleich wollte ich sie ihm in die Hand geben. Erst als er die weißen Handschuhe wieder ausgezogen hatte, übernahm er die blutige Taube und sagte, ja, er werde nach dem Abdecker telefonieren. Wohin er zum Telefonieren ging – Handys gab es damals noch nicht – und wie lange der Verkehr ungeregelt blieb, nur wegen einer fast toten Taube, das kümmerte mich damals nicht, weil ich nur noch an meinen sehr bald abfahrenden Zug dachte.

Bestimmt haben Polizisten viel seltener mit verletzten oder toten Tauben zu tun als mit menschlichen Verkehrsopfern. Es sind meistens kranke Tauben, die überfahren werden. Die gesunden finden sich im Dschungel der Großstädte erstaunlich gut zurecht.

11 Kolumbus mit oder ohne Taube

Schon längst herrschen Trübsinn und Verzweiflung auf der Santa Maria, der Niña und der Pinta. Es kommt einfach kein Land in Sicht. Schon längst hat mancher alle Hoffnung fahren lassen. Da kommt der Küchenjunge an Deck, nicht mit neuen Grillen und Sorgen, sondern mit einer Grille, die singt. Solange das Heimchen sein Andalusien noch riechen konnte, zirpte es weiter. Dann aber verstummte es und darbte dahin. Aber jetzt singt es wie ein Bräutigam. Da muss doch etwas Grünes in der Nähe sein. Und so war es auch.

Es ist ein schönes Gedicht, „Das Heimchen" von Conrad Ferdinand Meyer. Aber dass eine Grille den Seefahrern die erste Kunde von der Neuen Welt gab, das wage ich zu bezweifeln. Man denke doch an den Namen des Expeditionsleiters. Da hat doch sicher eine Taube etwas damit zu tun gehabt, oder wenigstens ein Rabe. Ist tatsächlich anzunehmen, dass Kolumbus so gar nicht bibelfest war, und nichts wusste von Noah und seinem Kasten? Also! Ja, der Verfasser der Noah-Geschichte war nicht ganz und gar uninformiert über die Seefahrt. Kolumbus ging nicht unvorbereitet auf den Atlantik hinaus. Er muss alles gewusst haben, was über die Seefahrerei damals zu wissen war. Hat er tatsächlich keine Vögel mitgeführt? Und dann sein Name:

Christoforo Colombo! Allein schon als Amulett hätte er doch eine Taube mitnehmen müssen, der Herr Tauber. Es ist einfach unmöglich, dass er nicht an Noah gedacht hat.

Da gedachte Gott an Kolumbus und alle seine Gefährten, die mit ihm in den Schiffen waren, und ließ frischen Wind aufkommen. Und die Dunstwolken fielen.

12 Protestantische und katholische Tauben

Dort, wo ich jetzt wohne, gibt es protestantische Tauben und katholische Tauben. Der Metallfußring der protestantischen Tauben hat hinter dem NU und dem Jahr den Buchstaben L, derjenige der katholischen den Buchstaben F. Es ist im königlich-nationalen Verband der Brieftaubenliebhaber Brauch, dass jeder angeschlossene Verein auf seinen Ringen den Anfangsbuchstaben seines Wohnorts hat. Bei den Briefträgern der Luft verwendet man hier noch keine Postleitzahlen, im Gegensatz zu Deutschland, wo es offenbar einen ZIP-Code der Vereinsnummern gibt.

Als sich die hiesigen Brieftaubenzüchter erstmals dem nationalen Verband anschlossen, waren die Protestanten unter ihnen in der Mehrheit. Man verlangte demnach Ringe mit dem Buchstaben L. Das L steht für den in katholischen Kreisen vermiedenen viersilbigen Namen der Stadt, den gewisse Politiker ganz scheußlich mit alleiniger Betonung auf der ersten Silbe aussprechen. Dieser Klub heißt also Londonderry Racing Pigeon Society. Aber die katholischen Mitglieder sagten das viersilbige Wort nie, sondern verwendeten ausschließlich das zweisilbige „Derry“, wobei natürlich das L verlorenging und somit der Sinn der Taubenfußringe.

Als die Katholiken ihren eigenen Verein gründeten, hätten sie natürlich vom Verband Ringe mit dem Buchstaben D beziehen können. Nun hatten sie aber den zuerst gegründeten protestantischen Verein schon immer Derry Club genannt. Das ist genau, wie wenn einer in der Schweiz Baumann heißt und Buumä genannt wird. Es musste also ein neuer Name gefunden werden und auch ein neuer Buchstabe für die Ringe. Man entschloss sich für F. Das könnte ein politisch sehr signifikanter Buchstabe sein. Es könnte für Fenian stehen, für die irischen Nationalisten. Zu den Fenians, so sagen die protestantischen Loyalisten, gehören alle Katholiken. Die katholischen Tauben wären demnach als umstürzlerische Tauben klassifiziert worden.

Nun hat es aber hier noch eine andere Bewandtnis mit dem Buchstaben F. Der Fluss, an dem Londonderry, früher Hauptstadt der gleichnamigen Grafschaft, nach *Meyers Konversationslexikon* (6. Auflage 1902) „malerisch" gelegen ist – in späteren Auflagen fehlt „malerisch" – heißt Foyle. Und der Verein der katholischen Brieftaubenzüchter nennt sich in der Tat Foyle Racing Pigeon Society. Dass L-Tauben, also Loyalisten-Tauben, das heißt protestantische Tauben, beim gemeinsamen Verfrachten zu den Preisflügen mit den F-Tauben Streit anfangen, ist unwahrscheinlich. Da die Tiere nach Geschlechtern getrennt sind, fällt für sie der Hauptgrund zum Zank weg. Und wie könnten *fanciers,* eben die Liebhaber, die Taubenzüchter, anders als lieb zueinander sein, auch wenn sie zwei verschiedenen Vereinen angehören! Die L-Leute und die F-Leute treffen sich tatsächlich, vor allem im Winter bei den Ausstellungen. Und es werden auch vielfach Mischehen angebahnt. Da hat ein L-Mann einen großartigen Täuber, gerade den richtigen Partner für die noch ledige Täubin des F-Mannes. Natürlich muss der Täuber lange Zeit im F-Schlag eingesperrt werden, sonst fliegt er in den L-Schlag zurück. Aber Junge macht er der F-Täubin trotzdem.

Dort, wo ich jetzt wohne, gibt es ein L-Wochenblatt und ein F-Blatt (F hier für *Fenian*), das zweimal in der Woche erscheint. Der Bericht über die Leistungen der L-Tauben steht aber meistens nicht im L-Blatt, sondern im F-Blatt, und der Bericht über die F-Tauben steht meistens zuerst im L-Blatt. Man sieht, der Brieftaubensport überwindet die sonst leider übliche Trennung.

13 Der Heilige und der Onkel Franz

Haben die Tauben im Arnotal dem Sonnengesang des Heiligen Franz zugehört? Kamen sie zu ihm und fraßen ihm aus der Hand wie die Tauben vom Trafalgar Square in London oder dem Markusplatz in Venedig? Kamen sie zu ihm, weil er ein neuer Orpheus war? Oder kamen sie nur, weil sie der Hunger zu Unvorsichtigkeiten verführt hatte?

Wenn es den Heiligen Franz nicht gegeben hätte, liebten wir die Tiere vielleicht gar nicht. Wenn es den Heiligen Franz nicht gegeben hätte, züchteten wir vielleicht gar keine Tauben. Und wenn es den Heiligen Franz nicht gegeben hätte, gäbe es auch kein San Francisco, die Stadt am Goldenen Tor zu jenem Indien, das Kolumbus eigentlich meinte.

Ich hatte einen Onkel, der hieß Franz, und der zog in den Krieg. 1914 kam er gerade aus der Schlosserlehre. Ja, drüben in Deutschland gebe es jetzt gute Stellen, rieten sie ihm, auch mein Großvater aus dem bayrischen Memmingen. Das verlockte ihn, die Aussicht auf eine gute Stelle. Oder war es der Wandertrieb? Er müsse doch keine Angst haben, meinte man, beim Militär würden sie ihn in Deutschland sowieso nicht nehmen. Er war doch zu klein. Aber wie er dann seinen Fuß über die Grenze setzte und seine Papiere zeigen musste, nahmen sie ihn eben doch. Er sei überall hingekommen, sagte mir meine Mutter, nach Belgien, Frankreich, sogar bis hinunter auf den Balkan. Auch sei er ein paarmal schwer verletzt worden, und sie habe ihn einmal in einem Lazarett, ganz oben in Norddeutschland, besucht. Man sei sehr nett zu ihr gewesen, und Franz habe es gut gehabt in diesem wirklich schönen Lazarett. Sonstige Details der militärischen Laufbahn von Onkel Franz waren ihr jedoch ganz entfallen. Als Onkel Franz noch lebte, sprachen weder er selbst noch die anderen davon, auch meine Mutter nicht. Nach seinem Tod, sagte sie, habe Tante Annie ihr einmal erzählt, dass Franz nachts noch lange vom Krieg geträumt habe. Oft habe er Schreie ausgestoßen und sei mit panischer Angst aufgewacht. Da habe sie ihn immer trösten müssen, dass der Krieg ja längst zu Ende und er jetzt Schweizer sei.

Franz, der Krieger, das passt doch nicht. Franz, der Taubenliebhaber, ja, aber Franz, der Kämpfer im Ersten Weltkrieg! Dabei war er wirklich klein, verglichen mit seinem Bruder und seiner Schwester, meiner Mutter, nur ein Männlein. Ob er im Krieg auch noch zusammengeschrumpft war?

Ich war gern bei Onkel Franz. Aus seinem Stubenfenster hatte man freie Sicht auf die Dampflok Eb 3/5 und die Gartenhäuschenwagen der Tösstal-Bahn. Seine Wohnung über den Remisen der Wolldeckenfabrik, wo er als Heizer und Reparateur arbeitete, war nur eine Straßenbreite vom Gleis entfernt, gerade gleich hoch wie der Bahndamm. Da war man auf Du und Du mit den Dampflokomotiven, mit Rauch, Ruß, Dampf und Gerumpel. Mir steckt es heute noch in den Knochen. Die Werkstatt hatte noch eine auf Deckenhöhe angebrachte, die ganze Länge einnehmende Transmissionswelle. Da gab es den Treibriemen vom Elektromotor zur Welle und dann all die Transmissionsriemen von den großen Rädern an der Decke zu den kleinen an der Schleifmaschine, der Drehbank, der Bohrmaschine und der Fräse. Auch gab es Esse, Blasebalg und Ambos, alles schön zusammen wie auf einem Schulwandbild. In der Heizung hatte man eben ein neues Kohleneinfüllsystem montiert. Jetzt brauchten Onkel Franz und die anderen Heizer die Kohle nicht mehr direkt ins Feuer zu schaufeln, sondern sie konnten die Trichter vor den Brennern füllen, und was an Kohle gebraucht wurde, gelangte mittels einer Förderschnecke in den Ofen. Das war für mich wie in einer großen Dampflok.

Ich soll, als ich noch keine zwei Jahre alt war, in der Wohnung von Onkel Franz einen Waschzuber voll Lauge umgekippt haben. Da habe er mir eins auf den Hintern gegeben. Aber, sagte Onkel Franz jedes Mal, wenn er die Geschichte zum Besten gab, er habe doch meine Kraft bewundern müssen. Nach mehreren Hirnschlägen und kurz vor seinem Tod trugen mein Vater und ich Onkel Franz auf die Toilette. Das sei schlimm, wenn man nicht einmal mehr selbst den Hintern putzen könne, sagte er, und er grinste genauso, wie dann, wenn er die Geschichte vom Waschzuber erzählte.

Vom Dienst unter Kaiser Wilhelm erzählte er uns nie etwas. Sein Bruder jedoch sprach immer viel vom Aktivdienst in der Schweizer Armee von neununddreißig bis fünfundvierzig. Nicht einmal Sieger würden so gern und so ausführlich vom Militär erzählen wie die Schweizer. Verlierer aber schweigen am besten. Und doch wüsste ich gern, wie es Onkel Franz im Ersten Weltkrieg ergangen ist. Aber jetzt ist er tot.

Vielleicht kommen im Himmel alle mit gleichem Namen zusammen. Bei der Klassenzusammenkunft von allen Franzen wird der Heilige Franz sicher seinen Sonnengesang zum Besten geben, und auch mein Onkel Franz, der doch nicht zu kleine Wehrmann, wird jetzt Tauben füttern. Doch gerade aus San Francisco hört man, dass es dort seit 1964 ein Gesetz gibt, wonach das Füttern von Tauben, außer an drei besonders markierten Stellen, verboten ist. Zuwiderhandlung werde mit einer Buße von bis zu 1.000 $ oder Gefängnis von bis zu sechs Monaten bestraft.

14 Derek Goodwin (1920–2008)

Wie die Begegnung zustande gekommen ist, weiß ich leider nicht mehr. Sie fand statt in Tring, in Hertfordshire, wo sich die ornithologische Abteilung vom British Museum (Natural History) befindet. Derek Goodwin (1920–2008) war der Autor des maßgebenden Taubenbuchs, *The Pigeons and Doves of the World* (1967). Im Zweiten Weltkrieg war er bei der britischen Artillerie und Veteran der Belagerung von Tobruk (1941). Nach dem Krieg bekam er in Tring eine Stelle, obwohl er keinen akademischen Grad hatte. Im Lauf der Jahre stieg er im Museum auf zum „principal scientific officer for birds". Er wohnte nicht in Tring, sondern in Kent, d. h. südlich von London. Die langen täglichen Bahnfahrten gaben ihm Gelegenheit, aus dem Zug das Verhalten der Vögel zu studieren.

Unter anderem sprachen wir über die ausgestorbene Wandertaube und die Monografie über sie von A. W. Schorger (1955). Vor allem aber legte Goodwin ein gutes Wort ein für die „feral pigeons", also die von Ornithologen, wie er meinte, zu Unrecht verachteten verwilderten Nachkommen der Felsentaube. Im Gegensatz zu den meisten Ornithologen hatte er auch nichts gegen nichteinheimische Vögel. Er reichte sogar bei der Royal Society for the Protection of Birds seinen Rücktritt ein, weil diese Gesellschaft gegen die Erhaltung von zwei eingeführten Fasanenarten war. Leider gibt es Fremdenhass auch unter Ornithologen. Am ausdrücklichsten fand ich diesen in *Birds of Eastern North America* von Frank M. Chapman, der die aus Europa eingeführten Spatzen beschuldigte, mit ihrem Gezwitscher den Morgengesang der einheimischen Singvögel ein für alle Mal unhörbar gemacht zu haben.

Neben dem Wissen über Tauben verdanke ich Derek Goodwin auch die Kenntnis eines deutschen Gedichts, das den Lebensweg des Menschen mit dem der Taube vergleicht:

LEBENSWEG

Ich bin durchs Leben auf dich zugegangen,
So fest und klar, wie übers grüne Land
Die Taube flog, die lange eingefangen
Und doch den Weg zur süßen Heimat fand.

Und denke ich an Sturm und Streit und Streben,
An meiner Jugend Wandern dort und hier,
So ist mir oft: Es war mein ganzes Leben
Ein stiller, unbeirrter Weg zu dir.

Börries von Münchhausen

15 Tauben sind ängstliche Tiere

Tauben sind ängstliche Tiere, nur der Hunger verführt sie zu Unvorsichtigkeiten. Auch wenn dich deine Tauben gut kennen, wehren sie sich, wenn du sie anfassen willst. Da flattern sie wild durcheinander, du kannst noch so vorsichtig sein. Jede plötzliche Bewegung, jedes plötzliche Geräusch löst eine Fluchtreaktion aus. Da hast du all deine Tauben auf dem Dach. Sie sonnen sich, sie putzen sich. Sie schauen in die Ferne. Da lässt der Nachbar den Deckel des Mülleimers fallen, und gleich stürzen sich die Tauben wie ein Mann vom Dach, lassen sich fallen, schlagen geräuschvoll mit den Flügeln und stechen im Schwarm flach in die Höhe, kurven in Formation und bleiben zu ihrem Schutz in Formation, während sie Runde um Runde drehen.

Geräusche, die nicht urplötzlich auftreten, machen den Tauben hingegen nichts aus. An Motorenlärm sind sie gewöhnt. Das Geratter der tieffliegenden Armeehelikopter, das durch Mark und Bein gehende Geheul der Sarazen- und Saladin-Panzerwagen, das Tütata der Feuerwehrautos, der Streifen- oder Krankenwagen, all das und mehr stört die Tauben nicht. Lautes Kindergeschrei, Hundegebell, Schiffssirenen, Düsenflugzeuge, Pressluftbohrer, regelmäßige Hammerschläge, all das lassen die Tauben geduldig über sich ergehen. Auch Schlagermusik, Pistolen- und Gewehrgefechte im Fernsehen, Gebrüll bei Sportübertragungen. Doch Explosionen und Einzelschüsse, die bringen unverzüglich totale Unruhe unter die Tauben.

Tauben sind ängstliche Tiere, nur der Hunger verführt sie zu Unvorsichtigkeiten. Auch wenn deine Tauben den Einflug zum Heimatschlag schon jahrelang benutzt haben, finden sie ihn minutenlang, ja viertelstundenlang nicht mehr, suchen alle Maschendrahtflächen nach Öffnungen ab, strecken den Kopf durch die Maschen und scheinen überhaupt kein Gedächtnis mehr zu haben. Eine plötzliche Bewegung deinerseits oder ein plötzliches Geräusch, ein Schuss, eine Explosion, ein einzelner Hammerschlag im falschen Moment, und du hast ein Geflatter statt eines raschen Aufsuchens des Schlags. Das Futter liegt drinnen bereit, und doch zögern deine Tauben, fliegen wieder aufs Hausdach, drehen noch zwei Runden, lassen sich dann wieder auf den Schlag hinunterfallen, sitzen dann aber doch nicht ab und steigen wieder auf. Manchmal ist es zum Verrücktwerden, vor allem bei den Jungtauben. Da kommt der letzte Nachzügler doch endlich zum Schlag herunter. Er landet auf dem Maschendrahtdach der Voliere, stößt den Kopf mit panischer Nervosität durch die Maschen, weil ihm schließlich die anderen Tauben in der Zwischenzeit das Futter wegfressen. Du versuchst, ihn vom Dach der Voliere auf das Landebrett des Einflugs zu scheuchen. Endlich sitzt er auf dem Rand der Voliere, lehnt sich etwas nach vorn, muss doch endlich den Sprung wagen. Nein, er fliegt sogar auf, setzt sich auf die Backsteinmauer des Schlags, springt nun doch gleich von dort auf das Landebrett. Jetzt dreht er sich gegen die Voliere, streckt den Kopf durch die Maschen, versucht, sich durch die Maschen zu drängen. Er fliegt wieder auf, landet im Garten, kommt zurück aufs Landebrett, sucht den Maschendraht auf der ganzen Länge des Landebretts ab, kommt zum Einflug, stößt aber nicht gegen die etwa vier Zentimeter auseinanderliegenden Hängedrahtstäbchen, die von der Taube einwärts geschoben werden können, aber nicht nach draußen. Er bekommt es plötzlich wieder mit der Angst zu tun, Angst vor der Falle, vor dem Käfig, stößt leicht an die Drähte, so dass sie sich schön anheben. Aber er ist wieder von Panik ergriffen und fliegt erneut auf zum Hausdach.

Jetzt streue ich ein paar Körner auf das Landebrett und streue noch etwas mehr auf das Sprungbrettchen gleich innerhalb des Einflugs, aber weit genug von den Drähten entfernt, damit sie nach innen geschoben werden können. Der Nachzügler kommt aufs Landebrett, hat ja schließlich Hunger, verschlingt die Körner, sieht auch die anderen auf dem Sprungbrettchen, schiebt die Drähte etwas nach innen, aber da gerät er wieder in Panik. Da kommen die längst eingeflogenen und schon satten Tauben auf das Sprungbrettchen und picken dem Nachzügler die Körner vor dem Schnabel weg. Jetzt muss ich die anderen Tauben von der Voliere in den Schlag scheuchen, nochmals Futter auf das Landebrett und das Sprungbrettchen streuen. Der Nachzügler kommt tatsächlich wieder, frisst die Körner auf dem Landebrett, fliegt nun aber auf den Zementboden und versucht unten in die Voliere zu kommen. Jetzt gebe ich es auf, gehe ins Haus, habe aber doch Angst, eine Katze könnte den Nachzügler angreifen. Durchs Küchenfenster sehe ich, dass er wieder auf der Voliere ist und sich nach vorne zum Landebrett beugt. Er springt aber nicht, sitzt wieder gerade, lehnt sich wieder nach vorn. Spring doch, du dummer Kerl! Jetzt springt er, sucht den Maschendraht ab nach dem Einflug, streckt erneut den Schnabel gegen das Futter. Panik. Wieder den Maschendraht entlang, wieder zum Einflug, wieder den Schnabel nach dem Futter gestreckt. Ein Korn wird aufgeschnappt, ein Schritt nach vorn, die Drahtstäbchen sind hinter der Taube, fallen in die Ruhelage. Der Nachzügler ist drin. Aber seinen Kropf wird er nicht mehr mit Futter füllen können, denn es ist schon alles weggefressen worden. Am nächsten Tag wird er kein Nachzügler sein, auch wenn wieder plötzliche Bewegungen oder Geräusche im falschen Moment stören. Da können Schüsse krachen und Bomben losgehen – er wird mit panischer Futterangst den Einflug passieren. Heißt es doch nicht umsonst: Vogel friss oder stirb.

16 Erste Flüge

Zuerst fliegen sie gar nicht, sitzen nur da und halten Ausschau, strecken den Hals und schauen in die Richtung, die dem Blick offen ist. Sie klettern ein bisschen auf dem Schlagdach herum, rutschen auf glatten Oberflächen aus und sind überhaupt ganz hilflos, wirklich ein gefundenes Fressen für Katzen. Sie können fliegen. Sie fliegen im Schlag auf ihren Sitzplatz und wieder zum Boden. Draußen aber fliegen sie fast zwei Wochen lang nicht. Da haben sie vergessen, dass sie Flügel haben. Natürlich sehen sie die Eltern und die älteren Geschwister draußen herumfliegen. Aber sie ahmen sie nicht nach. Sie bleiben sitzen. Sie halten Ausschau.

Plötzlich aber erinnern sie sich auch außerhalb des Schlags an die Flügel. Sie steigen zum ersten Mal in die freie Luft, lassen sich zu einer Runde mit den andern hinreißen, wollen wieder absitzen, haben jedoch Landeschwierigkeiten. Jetzt treiben sie sogar Allotria, schießen bald steil nach oben, abrupt nach unten oder scharf nach der Seite. Sind die Alten ebenfalls draußen, ordnen sie sich bald unter und ziehen mit ihnen immer dieselben Kreise. Lässt man die Jungen für sich, kommt die Zeit, wo sie aus dem Blickfeld verschwinden. Hoffentlich kommen sie wieder. Sie treffen vielleicht andere, und weil im Schwarm geflogen wird, könnten sie vergessen, sich aus dem Schwarm zu lösen.

Vielleicht gefällt es ihnen zu Hause nicht mehr, weil zu wenig Platz da ist. Sie schwärmen aus und kommen nicht wieder.

Es gibt den Auszug aus der Heimat, die Gründung von Kolonien, den Flug in die Neue Welt. Die Regel aber ist der Ausflug, die Reise ins Weite, mit Rückkehr zum Ausgangsort. Nur die Jungen fliegen von sich aus weite Strecken von zu Hause weg, die Alten begnügen sich mit knappen Rundflügen. Im Heimatschlag wird eben jedes Bedürfnis gestillt, Hunger, Durst, Sicherheit, Sex.

Erst wenn sie, Alte und Junge, in fremde Gegenden verschlagen werden, zeigt sich der vielbewunderte Trieb. Werden sie freigelassen, gibt es für sie nur eins. Nach Hause!

17 Wenn es zu viele sind

Leider habe ich auch schon Tauben abschlachten müssen. Plötzlich hieß es, mein Schlag sei bedenklich übervölkert. Um überzählige Tauben loszuwerden, hätte ich allerdings die Schlächterei umgehen können. Ich hätte die Möglichkeit gehabt, meinen ganzen Bestand an Tauben als Eisenbahnfrachtgut nach Belfast zu verschicken, nicht gerade als Zielscheiben trainierender Terroristen, sondern um die Sache ganz allgemein der „Natur" zu überlassen, Darwins sogenannter „natürlichen Auslese". Ein Eisenbahner, unter denen ich viele Taubenzüchter kenne, hätte die Körbe gewissenhaft zur günstigsten Stelle am Bahnsteigende gebracht und die Ausflugklappen betätigt. Die Tauben, die die Rückreise aus Belfast überstehen – so sagte man mir – sind gesund und kräftig. An den anderen, an denjenigen, die auf der Strecke bleiben, hätte ich nichts verloren. Obwohl die „natürliche Auslese" bei den Wettflügen ständig eine Rolle spielt, kam mir das vorsätzliche, auf Gedeih und Verderb angelegte Aussetzen meiner Tauben, nur um nicht selbst schlachten zu müssen, grausam und feige vor. Ganz abgesehen davon, dass auch einer gesunden Taube etwas zustoßen kann – es braucht nicht gerade ein Falke zu sein –, und dass auch ein Schwächling manchmal Glück hat.

Aber wie schlachtet man Tauben? Der Taubenclubpräsident, der mir sonst in jeder Taubenkrise mit Rat und Tat zur Seite stand, schwieg sich darüber aus. Stattdessen erwähnte er die Verfrachtungsmethode. Zwar war bei Schlagbesuchen und im Klublokal auch schon vom Töten die Rede gewesen. Einer sagte, es sei Unsinn, bei den jetzigen Futterpreisen, Tiere, die bei den Rennen nie etwas leisten, weiter zu füttern. Dieses Jahr habe er schon über ein Dutzend hoffnungslose Fälle ausgeschieden. Ein anderer erzählte, er habe zwei fürchterlich streitsüchtige Täuber gehabt. Die seien auch sonst nichts wert gewesen. Aber jetzt habe er wieder Ruhe in seinem Schlag, denn er habe sie „entsorgt". Ein anderer ließ sich über die herren- und heimatlosen Tauben aus, die sich die ganze Zeit bei ihm einschlichen. Er lasse sich doch von diesen Biestern nicht den ganzen Schlag verseuchen. Er müsse unbedingt mit ihnen kurzen Prozess machen. Aber *wie*, das sagte auch er nicht.

In meiner Not bin ich in *Grimms Wörterbuch* auf die Zusammensetzung „Taubendruck" gestoßen. Jemandem den Taubendruck geben, heiße, jemandem den Garaus machen. Es folgen zwei Belegstellen aus der Schweizer Literatur, die eine von Jeremias Gotthelf. Doch wie und wo drückt man?

Den Tierarzt zum Beispiel konnte ich nicht fragen, denn ich wusste, dass auch ihm das Töten von Tieren peinlich war. Als er sich gezwungen sah, die Katze, deren Fütterung ich über Ostern für eine Kollegin übernommen hatte, mit einer tödlichen Dosis von ihrem Leiden, einer akuten Katzengrippe, zu befreien – ich hatte das Tier leider nicht rechtzeitig in die Klinik bringen können, weil es sich tagelang nicht einfangen ließ –, war er sehr böse auf mich, dass ich ihn zum bloßen Killer erniedrigt hatte. Die Metzger im Bauernschlachthaus in Muff, wo ich jeden Mittwoch das Abfallfleisch für unsere Hunde kaufe und wo ich fast jedes Mal Zeuge beim Schlachten von Ochsen und Schafen werde, wollte ich nicht fragen. Ich fürchtete, sie würden mich auslachen.

Man sage mir nicht, ich hätte meinen Taubenüberschuss entweder verkaufen oder verschenken können. In den Augen des auf Wettflugsiege erpichten Züchters waren meine Tauben, die von den Rennen, wenn überhaupt, dann immer erst nach Toresschluss zurückkamen, vollkommen wertlos und auch als Speise unerwünscht. Restaurants braten nur „squabs", unbefiederte Nestlinge, oder Wildtauben. Im besten Fall hätte ich sie an einen mittellosen und ahnungslosen Anfänger verschenken können. Aber ich kannte keinen, und so war der Gedanke ans Abschlachten weniger schlimm als die Befürchtung, jemand könnte meine Tauben vernachlässigen und misshandeln.

Ohnehin hüte man sich vor geschenkten Tauben! Einzig die Turteltaube darf man sich schenken lassen. So will es ein alter Brauch. Nur als Geschenk bringt sie Glück. Anfänglich alles andere als Glück brachte mir eine junge, weißgerieselte, rot gehämmerte Täubin, die mir der Verkäufer eines teuren, aber vielversprechenden Zuchtpaars als Zugabe geschenkt hatte. Jedes Mal, wenn ich erschien, brachte sie mit ihrem nervösen Flügelflattern den ganzen Schlag in Aufruhr. Da mir der Frieden im Schlag am Herzen lag, nahm ich nach ein paar Tagen die geschenkte Taube aus dem Schlag und warf sie in die Luft, in der Hoffnung, dass ich sie nie wiedersehen würde.

Aber was sah ich am nächsten Tag auf dem Dach der Voliere? Natürlich die rote Taube mit weißgerieseltem Hals! Nur nicht weich werden, dachte ich. Wenn du sie nicht einfliegen lässt, verschwindet sie vielleicht endgültig. Aber gegen Abend saß sie noch immer auf der Voliere. Da erinnerte ich mich, dass ihr früherer Besitzer gesagt hatte, er kehre dem unruhigen Nordirland den Rücken und suche in England Arbeit. Das sei kein Leben hier. Er musste also schon weggezogen sein und den Schlag abgebrochen haben, wenn die da hier Einlass begehrte. Als ich gegen Abend meine Freiflieger zum täglichen Training hinausließ, schloss sie sich ihnen an und stürzte sich zur Fütterungszeit, kaum war der Einflug geöffnet, als eine der ersten auf die Körnermischung. Sie fraß schneller als alle andern. Was aber, wenn sie wieder den Schlagfrieden stört, dachte ich. Doch schon am anderen Tag ließ sie sich umschwärmen vom teuer gekauften Täuber, der die für ihn extra gekaufte Täubin links liegen gelassen hatte. Er und die Rote waren ja bis vor kurzem Schlaggenossen gewesen. Also kam wieder zusammen, was zusammengehört.

Zu Gotthelfs Zeiten wussten sicher alle Leute auf dem Land, wie der Taubendruck auszuführen ist. Ich fand niemanden, der ihn mir hätte vormachen können. Ich schäme mich, weiter darüber zu reden. Jedenfalls fand ich nach einem elfwöchigen Aufenthalt in dem Land, aus dem ich herkomme, meinen stark reduzierten Taubenbestand gesund und munter.

18 Bomber statt Tauben

Als ich acht Jahre alt war, hatte ich es mit ganz anderen Vögeln, nicht mit Tauben. Es war Krieg. Im Radio hieß es immer, sie hätten den schweizerischen Luftraum verletzt. Wie Luft verletzt werden kann, verstand ich nicht. Doch die Schuldigen kannte ich aus eigener Anschauung. Sie flogen oft niedrig über unser Haus, hatten entweder ein einfaches Seitensteuer oder ein doppeltes, eine spitze Nase aus Glas oder eine stumpfe, waren Tiefdecker oder Mitteldecker, aber immer viermotorig und dunkelgrün getarnt. Der Name des Vogels mit einfachem Seitensteuer kam im Radio und in den Bildlegenden der Illustrierten in der Verdeutschung. Unter einer Fliegenden Festung konnte ich mir so etwas wie einen fliegenden Munot, die nach Albrecht Dürers Plänen gebaute Festung in Schaffhausen, vorstellen. Aber der Name für den mit dem doppelten Schwanz, den niemand verdeutschte, „Liberator", der sagte mir nichts.

Weil wir ganz in der Nähe des Schulhauses wohnten, wurden wir bei Fliegeralarm nach Hause geschickt. Dort hätten wir uns in den Luftschutzkeller begeben sollen, wenigstens in den Keller, dessen Decke durch dicke Holzbalken vorschriftsgemäß verstärkt war. Eben waren beim Bombenabwurf in Schaffhausen soundso viele Menschen ums Leben gekommen, weil sie ihre Neugierde nicht hatten zähmen können. Wir standen immerhin beim Kellerhals, bereit zur Flucht in den Luftschutzraum. Während eines Fliegeralarms achteten wir nur auf zwei Sorten Lärm, auf den heiteren Gesang der Schweizer Jagdstaffeln und auf das dumpfe Gebrumm der Bomber. Dass hier die Kleinen die Jäger und die Großen das Wild waren, die Tauben also die Stoßvögel jagten, machte das Schauspiel besonders ergötzlich. Die silberweißen Jäger mit dem Schweizerkreuz schienen alles für sich zu haben, Geschwindigkeit, Wendigkeit und größere Flughöhe. Die dunkelgrünen Riesen duckten sich und hatten schon das Fahrgestell heruntergelassen. Dübendorf war im Gleitflug zu erreichen. Ein einziges Mal hatte ich in der Luft etwas Größeres gesehen, das heißt, ich bilde mir ein, es gesehen zu haben: einen Zeppelin, der hellgelb leuchtend fast lautlos der Abendsonne entgegenglitt. Aber der war ja leichter als Luft. Die dunkelgrünen Brummer raubten mir immer den Atem. Weil uns der Vater schon einmal nach Dübendorf mitgenommen hatte, wo man die Bomber aus der Nähe bestaunen konnte, wünschte ich ihnen eine glückliche Landung. Die dortige Bombersammlung durfte ruhig noch etwas anwachsen. Nur schade, dass die Maschinen hinter der Umzäunung standen und militärisch bewacht wurden.

Kurz vor diesen aufregenden Luftraumverletzungen hatte der Schularzt meine Augenschwäche festgestellt. Beim Augenarzt gab mir die Praxishilfe Tropfen zur Erweiterung der Pupillen. Ja, ich müsse eine Brille tragen, sagte der Augenarzt zu meiner Mutter. Auf dem Heimweg sah ich nur noch alles ganz verschwommen. Offenbar hatte es die Praxishilfe mit den Tropfen zu gut gemeint. Seither träumte ich manchmal, ich sei erblindet. Am anderen Tag wurden glücklicherweise aus den umrisslosen Farbflecken wieder Häuser, Bäume und Gartenzäune, Blumenbeete und Wiesen. Aber als mir der Optiker die Brille verpasst hatte, weigerte ich mich, dieses Ding auf meiner Nase zu tragen. Ich sehe auch ohne Brille genug, protestierte ich und ließ die Brille im Schultornister verschwinden. Leider fiel ich dem Lehrer noch aus anderen Gründen auf. Wenn er wegschaute, wechselte ich den Griffel oder den Farbstift immer von der rechten in die linke Hand, oder ich kratzte an meinem Kinn, was ständig für Schorf sorgte. Mindestens zweimal pro Schultag ertappte mich der Lehrer und verkündete meine Unart der Klasse: „Jetzt schreibt er wieder mit der linken Hand. Die Brille hat er auch nicht auf, und am Kinn hat er auch wieder gekratzt. Schäm dich!" Und er drückte meinen Kopf auf die Schulbank, dass die Brille kaputt gegangen wäre, wenn ich sie aufgehabt hätte. Ich hasste die Schule, und die Brille ebenso.

Als uns aber am 1. April 1944 – die Mutter hatte soeben die Suppe ausgeteilt – das Bombergebrumm aus dem Haus lockte und mein Bruder, die Nachbarn und mein Vater mit dem Finger in den heiteren Himmel zeigten und zu zählen versuchten, ich aber nichts Zählbares sah, schlich ich ins Haus zurück, griff in den

Schultornister, öffnete das Brillenetui, setzte das verhasste Ding auf die Nase und rannte wieder auf die Straße. Man zählte noch immer. Und siehe da, auch für mich gab es jetzt am Himmel etwas zu zählen. Von da an trug ich die Brille – zwar nicht immer auf der Nase, doch wenigstens in der Hosentasche, denn statt Bomberschwärme konnte es jederzeit Taubenschwärme zu zählen geben.

19 Der Brooke Park-Brand

Dort, wo ich jetzt wohne, ist das häufigste Geräusch das Sirenengeheul der Feuerwehrautos. In Nordamerika gibt es derartiges Geheul zwar ebenso häufig. Und es braucht nicht einmal etwas Besonderes los zu sein. Polizei- und Krankenwagen und Feuerwehrautos kommen dort drüben einfach nicht aus ohne Sirenen. Hier ist es anders. Hört man die Sirene der Feuerwehrautos, denkt man gleich an Bomben und terroristische Brandstiftung. Heute kauft man noch ein Paar Schuhe in einem Laden im Stadtkern, und morgen räumen die Bagger und Bulldozer schon den Trümmerhaufen weg. Und übermorgen steht in der Lücke vielleicht schon eine Ladenbaracke, in der man wieder Schuhe kaufen kann. Bei den Läden, die noch in Betrieb sind, handelt es sich bald zur Hälfte um solche Provisorien.

Auch wenn es meistens nicht zum Brand kommt nach dem Explodieren dieser hausgemachten Sprengladungen, wird die Feuerwehr dennoch bei jedem Bombenalarm aufgeboten. Da wird dann in respektvollem Abstand auf die Wirkung der Ladung gewartet. Manchmal aber lässt das Militär einen Roboter ausfahren, um zu sehen, ob die Bombe entschärft werden kann.

Dort, wo ich jetzt wohne, mangelt es der Feuerwehr nicht an Übung. Wo es noch etwas zu retten gibt, ist die Feuerwehr immer gleich zur Stelle. Leitern und Schläuche sind nun einmal das Element der Feuerwehrmannen, und wo es mit diesen zu machen ist, hält sie nichts zurück. Und es kommt auch vor, dass allzu eifrige Löscher von fallendem Gebälk getötet werden, so einsatzbereit sind sie. Zwei Mitglieder der Feuerwehr kamen ums Leben bei einem Hotelbrand. Der Hotelier, so wurde gemunkelt, soll selbst der Brandstifter gewesen sein. Hoffentlich wussten das die Witwen und Waisen nicht. Es gibt aber Situationen, in denen sich selbst die tapferste Feuerwehr der Welt weigert, einen Brand zu löschen. Dann nämlich, wenn es in der anonymen telefonischen Warnung an die Besitzer, die Polizei oder an eine Zeitung heißt, es seien auch Sprengkörper im Gebäude. So war es beim Brand von Brooke Park, dem Hauptsitz der öffentlichen Bibliothek.

Wenn es dort, wo ich herkomme, brennt, rennt selbst mitten in der Nacht, alles zur Feuersbrunst – nicht zum Löschen, sondern einfach, weil man den Brand gesehen haben muss. Das gleiche gilt bei Verkehrsunfällen. Kommt es daher, weil dies die einzigen Schauspiele sind, die einen beeindrucken? Unglücksfälle und Verbrechen als Katharsis? Auch ich renne noch heute gern zu einem Brand. Mein erster Lehrer war seinerzeit Kommandant der Ortsfeuerwehr. Wenn die aufgeboten wurde, schickte er uns nach Hause. Das heißt, wir gingen dann meistens auch zum Brand. Der schönste Brand meines Lebens war der in der Seifenfabrik Streuli, mitten in einer Sommernacht. Es war wie ein Lagerfeuer der Riesen im Land der Liliputaner. Viel konnten die Brandwache und die verschiedenen Ortsfeuerwehren nicht ausrichten. Am meisten aber beschäftigte mich als Bub der Brand in Stein im Toggenburg. Nicht nur das Dorf wurde fast völlig eingeäschert, auch die auf dem linken Talhang verstreut gelegenen Kleinbauernhöfe – bis hinauf zur Laad, wo wir mehrmals Ferien verbracht hatten – fielen diesem Föhn- und Feuersturm zum Opfer. Die Funken sprühten von einem Schindeldach zum anderen.

Eigentlich gab es beim Brooke Park-Brand nicht viel Schaulustige. Solche Ereignisse sind dort, wo ich jetzt wohne, schon ziemlich alltäglich. Nur Kinder gab es, die zu dieser Zeit, am späten Samstagnachmittag, auch sonst dort gespielt hätten. Eben kamen die ersten Stichflammen aus dem Dach des Seitenflügels, wo die Bücherausgabe war. Die Schieferplatten verloren ihren Halt, rutschten entweder nach außen ab oder fielen durchs brennende Gebälk. Von der Feuerwehr keine Spur. Es gäbe eben fünf oder sechs Bomben im Gebäude. So musste alles dran glauben, Tausende von Büchern, heimatkundliche Raritäten, alle Jahrgänge der Lokalzeitungen und auch die Zeichen- und Malarbeiten von Gewerbeschülern, die sich gerade im Ausstellungsraum befanden. Brooke Park hatte militärische Einquartierung gehabt. Jetzt war auch das Schulamt nicht mehr dort, nur noch die Bibliothek, mit vielen schönen Kunstbänden, teuren Werken zu den Naturwissenschaften, Büchern über Kochkunst, Mode, Rosenzucht, Hühnerhaltung und Taubenzucht, Golf und Cricket, Fußball und Autopflege. Immer größere Teile des Dachstocks stürzten ein. Immer höher wurden die Stichflammen. Große Rauchentwicklung jetzt auch im ersten der beiden Hauptflügel. Das Bersten von Fensterglas. Schwarzer Rauch nun auch oben beim klassischen Giebel des Mittelteils.

Plötzlich sah ich Vögel. Sie flogen enge Kreise, halb im schwarzen Rauch. Es waren Tauben. Ich verstand nicht, was die dort verloren hatten. Sie schienen sich wenig aus dem Rauch zu machen. Aber sie flogen nervös, mit viel Flatterlärm. Das kannte ich von meinen Tauben her, wenn sie zum Futter in den Schlag fliegen wollen, aber durch das Erscheinen einer fremden Person verschüchtert sind. Aber von einem Wunsch der Tauben, sich in den Flammentod zu stürzen, hatte ich nichts gelesen. Nun kamen die Flammen auch aus dem Hauptdach. Eine Bombe war noch nicht losgegangen. Entweder zogen sich die Tauben doch endlich zurück, oder ich achtete auf alles andere. Es gab so vieles zu sehen. Ein Brand, der nicht bekämpft wird, ist sogar hier eine Seltenheit. Und ich dachte an all die brennenden Bücher und war froh, dass ich auch einige davon zu Hause hatte und zusammen mit anderen Benützern doch noch einen Bruchteil der Bücher zu retten half.

Erst am Sonntagmorgen, als wir die ausgebrannte Bibliothek besichtigen gingen und die Feuerwehr eben eintraf, um das Gasleitungsfeuer zu löschen – das mit den Bomben war nur ein infamer Trick gewesen – kamen mir die Tauben wieder in den Sinn. Die hatten doch im klassischen Mittelteil ihre Nester gehabt. Da war das runde Loch, das auch vor dem Brand offen gewesen war. Der reinste Taubenschlag also. Und so ist ihre Brut verbrannt. Jetzt verstand ich das verzweifelte Kreisen. Was noch nicht flügge war, hatte keine Chance. Tauben können ihre Jungen nicht herumtragen, auch nicht, wenn sie erst ausgeschlüpft sind. Fallen unbefiederte Tiere aus dem Nest, wenn es auch nur ein paar Zentimeter sind, sind sie verloren, weil sie in diesem Stadium ohne Nestwärme nicht am Leben bleiben können.

Die Tauben vom Brooke Park waren natürlich verwilderte Tauben ohne besonderen Wert und doch ein Teil des globalen Taubenvolks, Schwestern und Brüder der Tauben vom Markusplatz und vom Trafalgar Square, abstammend von der Felsentaube, wie die Brief- und alle weiteren Rassetauben, während Jahrhunderten gezüchtet zum Braten, jetzt aber ein Ungeziefer, dem man in den großen Städten den Garaus machen will. Die Tauben vom Brooke Park hatten im Bibliotheksbrand alles verloren, ihre Brut und ihr Zuhause. Es mag sein, dass auch ausgewachsene Tauben verbrannt sind, denn wenn gerade der Schlupf fällig ist, verlassen die Weibchen das Nest nicht einmal zum Fressen. Wenn die Feuerwehr von allem Anfang an ihre Schläuche hätte ausrollen können, wären auch die Jungtauben, samt dem Großteil der Bücher, gerettet worden.

20 Die Russen und die Tauben

Vor den Russen brauchen die Tauben keine Angst zu haben. Auf diesen Satz kam ich im Konzertsaal, beim Anhören der Petruschka-Suite von Igor Strawinsky. Irgendwo hatte ich gelesen, dass die Taubenverehrung im alten Russland besonders groß war. Lieber seien die Russen verhungert, als dass sie einem Täubchen ein Federchen gekrümmt hätten. Man habe in den Tauben die Seelen der Verstorbenen vermutet. Im Übrigen ist der Kosakentanz, bei dem der Tänzer in der Hocke ähnliche Bewegungen ausführt wie der balzende Täuber, auch Taubentanz genannt worden.

Dort, wo ich herkomme, vermochten die Donkosaken seinerzeit ganze Fußballstadien zu füllen. Später fiel die Begeisterung für ihre Gesänge, Tänze und Reiterkünste dem Kalten Krieg zum Opfer. Als ich eines Sonntagabends auf den Laubengang unserer damaligen Wohnung trat und jenseits der Straße und dem Bahngleis, dort, wo wegen des Baus der Nationalstraße für die Weiacher Kieswagen und die Krokodilloks ein Abstellgleis gelegt worden war, ein wildes Reiten erblickte, traute ich meinen Augen nicht. Zuschauer schien es keine zu geben. Außer mir stand niemand auf den Laubengängen des Wohnblocks. Unten auf dem Fußballplatz waren nur die waghalsigen Reiter zu sehen. Ich weiß nicht mehr, wie lange ich zuschaute und was ich dabei dachte. Damals war mein Geist ganz von literaturwissenschaftlichen Belangen in Beschlag genommen. Gewiss hatte ich die Wohnung nur verlassen, um im Milchbüchlein die Eintragung für den nächsten Tag zu machen.

Jetzt, wo ich von der Taubenverehrung der Russen weiß, schmerzt es mich, dass ich an jenem Sonntagabend den Taubentanz verpasst habe. Dort, wo ich jetzt wohne und unterrichtete, hatte ich einen Kollegen aus Russland, der, wie der berühmte Hundebeobachter, Pawlow hieß. Der hätte mir sicher weiteres über die russische Verehrung der Tauben sagen können. Aber er schien immer voll beschäftigt, und ich wollte ihn nicht stören. Dabei fiel mir auf, dass, wenn wir uns zufällig begegneten, sein „Goord morrning, Walterr" irgendwie gurrend aus seiner Kehle kam und dass er überhaupt etwas Taubenartiges an sich hatte, etwas Tänzelndes, Sanftes und Freundliches. Und doch kam es zwischen uns nie zu einem richtigen Gespräch. Bei einer Party hatte ich einmal mit seiner Frau gesprochen. Sie kam aus Glasgow, wo Sascha Pawlow studiert hatte. Sonst wusste ich nichts über ihn.

Eines Morgens aber stellte er mir nach seinem „Goord morrning, Walterr" eine Frage. Ob ich wisse, wie man „Götzen-Dämmerung" ins Englische übersetze. Da mir nichts Befriedigendes in den Sinn kam, versprach ich ihm, dem Wort in der auf Englisch geschriebenen Nietzsche-Literatur nachzugehen. Als wir ein paar Tage später in der Bibliothek in einem der engen

Gänge zwischen den Bücherregalen aufeinanderstießen, musste ich ihm gestehen, dass ich außer dem Ausdruck „Twilight-of-the-idols", den er schon kannte, nichts gefunden hatte. Doch jetzt wäre die Gelegenheit günstig gewesen, ihn über die Tauben in Russland auszufragen, jetzt, wo die Bücherregale auch Sitzgestelle für Tauben hätten sein können. Doch ich hatte Hemmungen. Das nächste Mal fragst du ihn bestimmt, sagte ich zu mir.

Und dann hieß es, Sascha Pawlow sei gestorben. Vielleicht sei es Selbstmord gewesen, vielleicht Alkoholvergiftung. Seine Frau sei schon lange in einer Nervenheilanstalt, und auch er sei mehrere Male in Behandlung gewesen. Jetzt habe ihm das Gericht auch noch die minderjährigen Kinder wegnehmen wollen. Vielleicht sagte sein Vaterherz, sonst die Taubensanftmut selbst: Nur über meine Leiche.

Für meine Fragen über die Tauben in Russland war es jedenfalls zu spät. Ich konnte nur noch zu seiner Beerdigung gehen. Nun ist es dort, wo ich jetzt wohne, nicht üblich, dass der Pfarrer beim Begräbnisgottesdienst den Lebenslauf des Verstorbenen erzählt. Ich hörte also nichts Weiteres über Sascha Pawlows Herkunft, über sein Glück und Ende. Und als die Gebete gesprochen waren und der Sarg ins, dort, wo ich jetzt wohne, so viel tiefere Grab hinabgelassen wurde, ertönte leider nicht der sanfte, flötende Ruf der eurasischen Türkentaube, die ihm vielleicht an der Wiege gesungen hatte, sondern nur das raue Krächzen der in der nächsten Baumgruppe horstenden Saatkrähen.

21 Sechs Fenstertypen

Dort, wo ich jetzt wohne, gibt es sechs Arten von Fenstern: verglaste, mit Plastik überspannte, mit Sperrholz vernagelte, mit Wellblech verschlossene, vermauerte und offene. Am dauerhaftesten sind die offenen, das heißt die leeren, ausgehöhlten. Nur ein kurzes Leben haben die verglasten. Kaum ist der Fensterkitt halb trocken, gibt es wieder Scherben. Der Bedarf an Fensterglas ist, seit so viele Bomben platzen, ganz gewaltig angestiegen. Immer wieder liegt das Glück der Stadt in Scherben, immer wieder gibt es Scherben. Da wird manches Fenster vorderhand vernagelt, weil man noch nicht weiß, ob das Gebäude repariert werden kann, oder ob sich seiner die Abbruchkugel und der Abbruchkran annehmen werden. Die Abbruchteams sind großartig. Binnen Stunden verschwindet alles, was ein Jahrhunderte altes Familiengeschäft war – bis auf das Mosaik, dort wo sich der Eingang befunden hatte.

Handelt es sich um Wohnungen, werden die Fensterrahmen mit Plastik bespannt, so dass man ohne Durchzug schlafen kann. Wenn der Wind drein bläst, bläht es sich wie ein Segel. Aber es soll gut die Wärme im Zimmer halten. Traurig ist das Vernageln, aber am traurigsten ist das Vermauern. Ein fensterloses Gebäude hat nur noch militärischen Wert, als

Trennmauer oder Deckung. Es ist ein Gebäude ohne Zukunft.

Gebäude mit nichtvernagelten und nichtvermauerten Fenstern beleben sich jedoch bald. Da kommen die Tauben und nisten sich ein. Den Tauben ist es noch nie so gut gegangen. Jedes Paar hat für das Herumtänzeln, das Schnäbeln und Bespringen einen Fensterplatz. Die kecksten Täuberiche machen ihr Nest auf dem Kaminfeuerrost, ja vielleicht im offenen eingebauten Kleiderschrank, im zurückgelassenen Nachttisch, gar im Nachttopf. Statt Kindergelächter gibt es jetzt viel Gurren, verteidigende Flügelschläge und vor allem sorgfältiges Sitzen auf den Eiern. Je mehr Bomben, desto mehr Wohnungen für die Tauben, luftiger und größer denn je.

22 Das Ei des Kolumbus

Es scheint nun doch, dass Kolumbus zeit seines Lebens nicht wusste, dass er Täuber oder Täuberich hieß. Sein wohl von ihm selbst gewähltes Wappen zeigt jedenfalls von einer Taube oder einem sonstigen heraldischen Vogel keine Spur. Da gibt es nur den aufgerichteten Löwen, ein Schloss mit drei Türmen, seltsame Wellenlinien, die vielleicht den Atlantik bedeuten, und dann noch, wie es sich für einen Seefahrer gehört, vier Anker. Es ist schade, dass Kolumbus nicht gleich die Brieftaube nach Amerika mitgenommen hat. Der Nachrichtenverkehr der nach Westen fahrenden Schiffe mit dem europäischen Festland wäre auf diese Weise schon Jahrhunderte vor der Erfindung der Telegrafie möglich gewesen. Und man hätte wohl eine Taube gezüchtet, die, mit ein paar Zwischenlandungen, zum Beispiel in Shannon und den Azoren, den Atlantik ohne weiteres gemeistert hätte. Es ist schade, dass Kolumbus die Etymologie seines Namens so vernachlässigt hat. So ist eine Möglichkeit seines Wesens völlig unentwickelt geblieben. Für mich steht Kolumbus trotzdem am Bug der Santa Maria mit einer Taube in der Hand, die ihm eben eine Tabakrippe gebracht hat.

Nun gibt es aber doch im Leben von Admiral Kolumbus etwas, das, wenn nicht gerade mit der Taube, so doch mit der Geflügelhaltung zu tun hat, mit dem

Hauptprodukt der Geflügelzucht: dem Ei. Es scheint, dass nur die Deutschsprachigen dieser von Benzoni in der *Historia del mondo nuovo* (1565) überlieferten Anekdote Tiefsinn verleihen konnten. Da sei also der Admiral Ehrengast gewesen bei einem von Kardinal Mendoza gegebenen Essen. Unter den Gästen waren auch solche, die fanden, der Kolumbus habe zu viel Ehre erfahren. Der verdiene seinen Ruhm gar nicht. Das müssen adlige Söhne gewesen sein, die wahrscheinlich auch ein bisschen von der Seefahrerei verstanden, die aber vor lauter Faulenzen eben nicht auf die Idee gekommen waren, einmal westwärts zu segeln. Kolumbus, der Handwerkersohn, der Webstubensohn, muss sich angegriffen gefühlt haben. Es galt, diesen Taugenichtsen zu zeigen, dass man Einfälle haben muss. War es Ostern, dass da gleich Eier auf dem Tisch lagen? Oder waren es sogar Taubeneier, eine Delikatesse zu Ehren des Admiral Täuber? Auch wenn vom Kolumbarischen nichts vorhanden war, scheint Kolumbus jedenfalls „taub“ geworden zu sein; „taub“ bedeutet auf Schweizerdeutsch „verrückt“.

Er nahm ein Ei in die Hand und sagte: „Ja, sehen Sie, Eminenz, und sehen Sie, Hoheiten. Ein Ei lässt sich nicht ohne weiteres auf den Tisch stellen. Es rollt immer seitwärts ab, vor allem an Bord bei hoher See. Hinlegen kann man das Ei, wenigstens auf eine ruhende horizontale Fläche, immer. Aber aufstellen, auf die Spitze stellen, Eminenz, Hoheiten, wie macht man das? Bitte versuchen Sie es! Hier sind die Eier.“

Ein jeder nimmt ein Ei, grinst den andern zu und denkt, der muss ja spinnen, dieser Kolumbus, dieser Sohn eines Webers. Die Eier stehen doch nicht. Ein paar der Gäste lassen ihre Eier sogar auf den Boden fallen. Nur gut, dass sie gesotten sind, sonst hätten die Diener gleich mit Bodenlappen und Wassereimern kommen müssen. Die Eminenz, die Hoheiten beider Geschlechter, niemand kann sein Ei zum Stehen bringen. Eierbecher darf es damals noch keine gegeben haben, sonst hätte ein Witzbold einen solchen hervorgezaubert und sein Ei hineingestellt. Noch niemand hatte ein stehendes Ei gesehen, immer nur liegende. Man hat die Eier damals wohl auf ganz unanständige Weise ausgesogen und nicht etwa ausgelöffelt. Man findet das Eierstellen eine langweilige Sache. Dieser Kolumbus ist ein Langweiler.

Jetzt steht Kolumbus auf und sagt: „Bitte, Eminenz und Hoheiten. Dann muss ich es Ihnen eben zeigen.“ Er nimmt sein Ei in die linke Hand; denn Kolumbus war wie alle außergewöhnlichen Menschen – ich ja auch – Linkshänder. Der Zeigefinger ist oben, das heißt am runden Ende des Eis, das nach oben gerichtet ist. Der Daumen und der Mittelfinger sind an der Seite. Das Handgelenk ist gestreckt, der Arm angewinkelt. Jetzt senkt er das Ei langsam gegen die Tischplatte. Da stehen Eminenz und Hoheiten auf, wie ein Mann. Das Ei ist ein Zoll über der Tischplatte. Kolumbus schaut der Eminenz in die Augen. Da, ein scharfes hohes Knackgeräusch. Das Ei steht. „Bitte, Eminenz, Hoheiten, so geht das. Ich habe ja nicht gesagt, dass man dem Ei die Spitze nicht eindrücken darf.“ Und Kolumbus verbeugt sich und geht hinaus in den Park und sucht am Himmel die Plejaden, den Taubenschwarm.

Seit Kolumbus tut man gut daran, nicht zu vergessen, dass man einer Sache, einem Problem immer zuerst die Spitze eindrücken muss.

23 Nochmals die Wandertaube

Amerika sollte unbedingt Kolumbien heißen, nicht weil Columbia schon seit langem die poetische Bezeichnung der Vereinigten Staaten ist und ich dafür bin, dass man statt Deutschland Germanien und statt Schweiz Helvetien sagt. Auch nicht in erster Linie wegen Kolumbus, obwohl er eine solche Ehre mehr verdiente als der Großsteuermann Amerigo Vespucci, sondern einzig und allein wegen der Tauben.

Während Jahrtausenden muss die Wandertaube in Nordamerika das zahlreichste Wirbeltier gewesen sein, mindesten so zahlreich wie heute auf der ganzen Welt der Mensch. Die Indianer und die Büffel mögen das Land beherrscht haben. Die Tauben aber waren die unbestrittenen Herrscher in der Luft. Gegen ihre vier oder mehr Milliarden war kein Kraut gewachsen. Auf Buchecker und Eicheln hatten sie das Monopol. Im Nu konnten sie von Salzlecken und ganzen Wasserflächen Besitz ergreifen, und in den Landstrichen, die sie im Schwarm überflogen, sorgten sie auch für Dünger. In den Brutkolonien, deren Bodenfläche vielleicht derjenigen von Groß-Zürich oder der Fläche beider Basel entsprach, soll der Taubendreck bis zu einem halben Meter angewachsen sein. Nachdem die von den Eltern verlassenen Jungen – alles Einzelkinder – die Brutstätte auch noch verlassen hatten, gab es dort auf Jahre hinaus, außer dem bakteriellen, kein Leben. Erst die Siedler aus der Alten Welt wussten solche Mistrodungen zu schätzen; denn verfaulte Bäume fällen sich leichter und gedüngter Boden ist ertragsreicher.

Schon die Massachusett-Indianer, nicht erst Linné und die anderen Systematiker, haben *die* amerikanische Wildtaube als Wanderer bezeichnet. In ihren Legenden erscheinen die Tauben, wie bei den Russen, als die Seelen der Verschiedenen. Den Indianern aber waren diese wandernden Seelen kein Tabu. Traf ein fliegender Pfeil eine fliegende Taube, kam dies nur zustande, weil es zwischen dem Schützen und der Taube eine Seelenverwandtschaft gab. Und fielen die fetten und nahrhaften Nestjungen den Indianerfrauen in den Schoß, war das eben Manna vom Baumhimmel. Solange die Tauben von ihren Futterflügen, deren Radius natürlich nicht beliebig vergrößert werden konnte, immer gesättigt nach Hause kamen, blieben sie am Ort, und solange die Tauben am Ort blieben, blieben, da es ihnen ja weder an leiblicher noch an geistiger Nahrung mangelte, auch die Indianer. Entdeckten sie in einem Taubenschwarm einen Albino, sahen sie in den mit ihm ziehenden Tauben die Seelen besonders hoher Ahnen, denn nur solche waren würdig, einen Gott zu begleiten. Wer eine der Begleiterinnen zur Strecke brachte, war ausersehen, sich an einem Stück des höchsten Geistes gütlich zu tun.

Ich gebe zu, dass ich das sinnlich-übersinnliche Verhältnis zwischen Indianer und Taube, in meinem unverbesserlichen Hang zur Indianerromantik, allzu sehr ins Paradiesische gesteigert habe. Doch kann niemand leugnen, dass die Wandertaube – deren Beitrag zur indianischen Kultur allerdings kaum zu vergleichen ist mit demjenigen des Büffels, da ein Gefieder eben weniger ergiebig ist als ein Fell – noch undenkbare Zeiten im tiefsten Frieden mit den Rothäuten weitergelebt hätte, wenn nicht die landhungrigen Einwanderer erschienen wären. Solange sich zu den edlen Wilden nur edle Waldläufer und Trapper wie Lederstrumpf gesellten, brauchten die Tauben keine Angst zu haben. Als aber die Siedler dem Urwald auf den Leib rückten, kannten sie kein Pardon, und über kurz oder lang wurde alles niedergemacht: die Bäume und das Wild, somit auch die Indianer und die Tauben. Zwar hatten die Tauben schon immer unter den Unbilden der Witterung zu leiden gehabt. Doch jetzt, wo sie unter anderem auch das Monopol auf Buchecker und Eicheln verloren hatten, nirgends mehr gern gesehen waren und immer häufiger den Standort wechseln mussten, fielen die Verluste immer stärker ins Gewicht. Plötzliche Nebelbildung beim Überfliegen der Großen Seen, verspätete oder verfrühte Schneestürme rafften Millionen dahin. Schiffskapitäne berichteten, dass sie immer häufiger durch Taubenmeere hätten fahren müssen, und Benjamin Franklin, der Erfinder des Blitzableiters, fand heraus, dass der Blitz nicht einmal die Tauben in Frieden lässt.

Leider muss gesagt werden, dass die Hauptschuld bei der Ausrottung sowohl des Büffels als auch der Taube bei der Eisenbahn zu suchen ist. Jetzt konnte man die Tauben in die sogenannt zivilisierten Gebiete verschicken, tot oder lebendig. Die toten, vor allem die Squabs, die vollgestopften Nestjungen als begehrte Delikatesse, die lebendigen als Zielscheiben für die Sportschützen. Zwar haben schon die alten Griechen Taubenschießen veranstaltet; aber das Abschießen von aus Käfigen freigelassenen Tauben mit Schrottflinten, wobei es nicht auf die einzelnen Treffer ankam, sondern nur auf die Anzahl der Abschüsse innerhalb einer gegebenen Zeitspanne, dieses „Trap Shooting" ist offenbar wie der Tee aus England eingeführt worden. Da sie vor dem Sportschießen in viel zu enge Behälter eingepfercht waren, wollten oder konnten manche Tauben gar nicht mehr auffliegen. Für solche hatte man eigens die künstliche Katze erfunden, die gleich beim Käfig mit einem Schnurzug in Angriffsstellung gebracht werden konnte, sodass selbst eine halbtote Taube noch einen verzweifelten Fluchtversuch machte. Um ihre Flugbahn unberechenbarer zu gestalten oder ihre Geschwindigkeit zu erhöhen, soll man den Tauben manchmal auch die Schwanzfedern gestutzt oder die Zehenspitzen abgeschnitten haben. Da aber die Freilassungsvorrichtung eine Schleuder war, mögen viele Tauben, bevor sie erlegt wurden, von den Flügeln gar keinen Gebrauch mehr gemacht haben, und so wäre es besser gewesen, wenn man schon damals die untertassenartigen Wurfscheiben, also die „Clay Pigeons" gehabt hätte. Man schoss damals zwar noch nicht über fünfzehnhundert Tauben in der Stunde oder eintausend in achtunddreißig Minuten und dreißig Sekunden, wie dies mit modernen Katapulten, Doppelflinten und Ladehelfern möglich ist. Immerhin fielen dem Schießsport pro Jahr über eine Million Tauben zum Opfer. Hätte man sich jedoch auf etwa diesen Bedarf an Sporttauben, die meist durch Spezialisten mit Lockvögeln und Schleudernetzen eingefangen wurden, beschränkt, und hätte man vor allem auch die Nestjungen in Ruhe gelassen, gäbe es vielleicht heute noch Wandertauben. Aber wie beim Büffel sagte niemand Stopp. Wem es schlechter ergangen ist, ob der Wandertaube oder dem Büffel, ist schwer zu sagen. Der Dritte im Bunde war jedenfalls der Indianer, und wer einen Merkspruch braucht, versuche es mit:

Indianer, Büffel und Tauben
Mussten drüben alle dranglauben.

24 Weiße Tauben

Wenn unsere Tauben ihre Runden drehen oder auf dem Hausdach sitzen, gesellen sich manchmal fremde Tauben zu ihnen. Wo Tauben sind, da fliegen Tauben zu, lautet das Sprichwort. Für fremde ist der jetzt am Maschendraht der Voliere angebrachte Sprungbügel-Einflug allerdings abschreckend oder sogar unauffindbar. In den Augen des orthodoxen Züchters ist dies gut so; denn fremde Tauben sind, wer weiß, kranke Tauben, und Krankheit kann er in seinem Schlag nicht brauchen.

Fremdenhass soll es bei den Tauben nicht geben. Eine Fremde werde wie ein lieber Gast in die Mitte genommen, heißt es. Einfliegen muss sie dann aber doch selbst. Wenn ich das Trinkwasser erneuert, das Futter gestreut und das Sicherheitsgitter am Einflug hochgeklappt habe, stürzen sich die Unseren mit viel Flügelflattern vom Dach durch die Sprungbügel direkt auf die Körner. Für die Fremde kommt der plötzliche Ansturm aufs Futter meist unerwartet, und sie bleibt entweder oben auf dem Hausdach oder kommt erst zur Voliere, wenn sie keine der Unseren beim Einfliegen beobachten kann. Vergeblich versucht sie, durch die Drahtmaschen zu schlüpfen. Doch es kommt vor, dass eine der Unseren oben auf dem Hausdach neben der Fremden sitzenbleibt. Aus Sympathie. Dabei verliert sie unweigerlich ihren Anteil an der Tagesration; denn erst wenn sich die Fremde doch zum Abstreichen entschlossen hat, fliegt die unsere in den Schlag ein, wahrscheinlich mehr enttäuscht über den misslungenen Anlockungsversuch als über die verpasste Mahlzeit.

Eines Tages sah ich in der Gesellschaft der Unseren eine komplett weiße Taube. Die zog mich an, wie der Nordpol die Spitze der Kompassnadel. Mitten unter unseren dunklen Tauben, mitten unter den Blauen mit schwarzen Flügelbinden, den Roten und den dunkel Gescheckten oder Gehämmerten, saß da eine schneeweiße Taube. Wäre es ein Rabe gewesen, mein Erstaunen hätte nicht größer sein können. Und es kam wie eine Erleuchtung über mich: Du hast schon immer weiße Tauben gewollt. Die da muss zu dir in den Schlag. Schnell streute ich das Futter, selbstverständlich mit zusätzlicher Ration für die Weiße, öffnete den Einflug und zog mich, um ja nicht zu stören, in die Küche zurück. Von dort aus sah ich, wie die Weiße tatsächlich mit den Unseren zur Voliere herabkam. Im Gedränge beim Einflug geriet sie jedoch völlig ins Hintertreffen, und während sich die Unseren die Kröpfe vollstopften, suchte sie immer noch auf dem Landebrett den Durchschlupf, stieß aber stets nur gegen den unnachgiebigen Maschendraht, weil sie jedes Mal auf der rechten Bretthälfte zu früh kehrt machte und so die dem leichtesten Druck weichenden Sprungbügel nie erreichte. Sie flog auf das Dach der Voliere und auf den Zementboden neben der Voliere und warf sich immer aufgeregter gegen die Vergitterung. Als ich mit viel Verspätung doch zum Abendessen ins Haus ging, hoffte ich, dass sie bis zu meiner Rückkehr vielleicht doch in den Schlag gelangen würde. Doch nach dem Essen war die Weiße verschwunden. Jetzt waren mir unsere grauen, blauen und roten Tauben nur noch Spatzen in der Hand, und die Taube, die Weiße, nicht einmal mehr auf dem Dach.

Zu jener Zeit lag gerade Stroh auf dem Zementboden zwischen Küche und Voliere. Daraus sollte der Kompost für unsere Champignon-Zucht entstehen. Dieses Stroh, das ich zur schnelleren Vermoderung ohne Erfolg in kleinste Halme zu zerschneiden versucht hatte, und das ich jeden Tag mit der Mistgabel wenden und mit dem Gartenschlauch durchnässen musste, durfte unter keinen Umständen einer tierischen Verschmutzung ausgesetzt werden. Die Hunde konnte ich mit einem alten Stück Maschendraht fernhalten. Doch die Tauben? Zu meiner Erleichterung sah ich, dass sich die Tauben überhaupt nichts aus diesem gärenden Misthaufen machten. Tauben sind eben keine Hühner, dachte ich befriedigt.

Eines Nachmittags steckten sie aber doch im Stroh. Voll Zorn lief ich aus dem Haus und wollte die Tauben sofort verscheuchen, als ich die Weiße unter ihnen entdeckte. Vergessen war die Reinheit des Komposts. In meinem Kopf, in meinem Herzen war wieder nur noch Platz für die rein weiße Taube. Aber auch diesmal gelang ihr der Einflug in den Schlag nicht, obwohl sie wieder bis über die Fütterungszeit hinaus um die Voliere flatterte. Ich hatte unsere Champignons-Zucht umsonst aufs Spiel gesetzt. Es ist möglich, dass wir damit mehr Erfolg gehabt hätten, wenn mir die weißen Pilze wichtiger gewesen wären als die weiße Taube.

Als mein Sohn und ich einige Wochen später in Coleraine an einem Taubenschlag vorbeikamen, traute ich meinen Augen nicht. Eben landete auf dem Schlagdach, das wie der ganze Schlag mit pechschwarzer Dachpappe verhüllt war, ein ganzer Schwarm weißer Tauben. Das war unten am Stadtbach, und weil der Schlag offenbar auf öffentlichem Grund stand, führte ein Fußweg direkt an ihm vorbei. Nähertretend bemerkten wir, dass sich auf der Schmalseite Lüftungslöcher befanden. Im Inneren war es dunkel. Doch die jetzt eingeflogenen schneeweißen Tauben kamen dadurch noch besser zur Geltung. Kaum flügge gewordene Jungtiere hockten oder standen zusammengedrängt auf dem Schlagboden. Bei manchen sah ich den fleischfarbenen Schnabel und die dunklen Augen, umgeben von fleischfarbenen Augenrändern. Alles typisch für weiße Tauben. In einigen Nistzellen, in seitwärts aufgeschichteten Holzbierkästen, gab es brütende oder die Geschlüpften warmhaltende Tiere. Das mussten Männchen sein, denn es war Mittagszeit, und zu dieser Stunde haben die Täuber Dienst auf dem Nest. Bei diesen fiel mir auf, dass bei einigen doch noch eine Spur der Felsentaubenfärbung übriggeblieben war: das metallisch schillernde Grün, womit der sonst weiße Täuber, wenn er in der Balz den Kopf aufbläht, seiner weißen Täubin ganz besonders imponieren kann. Auch fand ich da und dort noch eine Andeutung von Schwanz- und Flügelbinden. Doch die Tauben auf dem Dach, die jetzt wieder ihre Runden drehten, schienen ganz weiß zu sein.

Ich muss den Züchter ausfindig machen, sagte ich mir. Ich will von ihm weiße Tauben kaufen. Er hat ja in seinem Schlag genug nestentwöhnte Junge, die noch keinen Freiflug gehabt haben. Und solche Jungtauben gewöhnen sich mühelos an einen neuen Schlag. Aber wem gehörten diese weißen Tauben? Da waren zweistöckige Reihenhäuser, deren Rückseiten dem Taubenschlag zugewandt waren. In welchem wohnt nun der Züchter? Wir gingen auf die Straße zurück und klopften beim ersten Haus an. Sie wisse nichts von Tauben, sagte die Frau, die zur Tür kam. Sie sei erst eingezogen und kenne noch niemanden. Im nächsten Haus hieß es, ja, diese Tauben seien lästig, es sei immer alles verdreckt, das Dach, die Scheiben und der Gartenweg. Mit einem, der solche Dreckvögel halte, wolle sie nichts zu tun haben. Da waren wir an die falsche Adresse geraten. Jetzt kam gerade der Milchmann. Der musste die Leute doch kennen. Ich fragte ihn nach dem Taubenliebhaber. Er sei nur die Aushilfe hier, sagte er. Er gehe nur den Milchflaschen mit blauer Beschriftung nach. Die Namen der Kunden kenne er nicht. Jetzt kam auch noch der Briefträger. Dem konnten doch die Tauben unmöglich gleichgültig sein. Ob hier jemand wohne, der Brieftauben züchte, fragte ich ihn. Brieftauben? Die einzige Brieftaube in diesem Quartier sei er, und er lachte so stark über seinen Witz, dass er hustend weiterging.

Jetzt mussten wir zum Zug. Auf dem Bahnsteig standen ein paar leere Taubentransportkörbe. Die seien von Antrim zurückgekommen, sagte ein hinzutretender Bahnarbeiter, ja, es sei ein Tag wie gemacht für Trainingsflüge. Der muss selbst auch Taubenzüchter sein, dachte ich. Vielleicht gehören *ihm* die weißen Tauben am Stadtbach. Herzklopfend fragte ich ihn. Nein, das seien die Tauben von Bertie O'Neill. Der habe schon oft Erfolge gehabt bei Wettflügen. Ob er wohl Junge zu verkaufen habe? Warum nicht, meinte der Bahnarbeiter. Bertie wohne im vierten Haus von rechts. Wir hatten also zu früh aufgegeben. Aber jetzt kam der Zug.

Als wir das nächste Mal nach Coleraine fuhren, klopften wir an die vierte Tür von rechts. Ja, es seien die Tauben ihres Mannes, aber er sei mit der Harmonie nach Garvagh gegangen. Sie glaube schon, dass er Tauben zu verkaufen habe, und wir sollten ein anderes Mal vorbeikommen. Als wir darauf dem Bach entlang zu Berties Schlag gingen, fanden wir, jetzt wo alle Tauben drinnen waren, dass da zum Verschenken viele Weiße vorhanden waren. Doch bei Brieftaubenzüchtern wird fast nie etwas verschenkt, vor allem nicht von solchen, die bei den Wettflügen Preise erringen. Als ich später nochmals versuchte, mit Bertie O'Neill zu sprechen, war auch seine Frau nicht zu Hause. Zum Teil bin ich froh, dass ich Bertie nie getroffen habe. Wie hätte ich ihm mein Anliegen vorbringen können, ohne wegen seiner weißen Tauben rot zu werden? Ich hätte ihm doch nicht sagen können, dass mich an seinen Tauben nur die Farbe interessiere. Im Brieftaubensport ist die Gefiederfarbe der Tiere so ziemlich das Nebensächlichste. Zwar haben manche Züchter gerade gegen weiße Tauben ein Vorurteil, sonst aber zählt nur die Leistung. Es wäre mir auch schwer gefallen zu lügen und zu sagen, ich sei von den Erfolgen seiner Tauben so beeindruckt, dass ich unbedingt einige davon in meine eigene Taubenfamilie einkreuzen wolle.

Inzwischen ist mir jedoch klar geworden, dass mein Verlangen nach weißen Tauben nichts Außergewöhnliches war. Frage ich dort, wo ich jetzt wohne, jemanden, bei dem ich sicher bin, dass er weder von Vögeln im Allgemeinen noch von Tauben im Besonderen eine Ahnung hat, so naiv wie möglich, wie er sich denn die Farbe einer Taube vorstelle, antwortet er ohne Zögern, eine Taube sei weiß. Allerdings muss ich gestehen, dass die Antwort vermutlich anders ausfiele, wenn ich statt des Wortes „pigeon“ das Synonym „dove“ verwenden würde, denn der Nicht-Ornithologe kennt in diesem nur allzu bibelfesten Land seine Tauben vor allem aus dem Religionsunterricht, aus der Arche Noah-Geschichte und im Zusammenhang mit der Jordantaufe, wo in den englischen Bibelübersetzungen eben immer von der „dove“ die Rede ist. Es sei dennoch ausdrücklich betont, dass Johannes der Täufer in seinem Augenzeugenbericht nichts gesagt hat über die Farbe des Geistes, der wie eine Taube vom Himmel gefahren ist. Aber man schiebe um Gottes willen den Zusatz des Weißen nicht ohne weiteres den Kirchenvätern und den Theologen aller Couleur in die Schuhe. Vielleicht hat Johannes der Täufer die Farbe unerwähnt gelassen, weil auch er kein Ornithologe war und daher ebenso fälschlich wie alle vorkolumbianischen Menschen annahm, dass jede Taube ohnehin schon weiß sei.

25 Der Zugführer und die Tauben

Taubenzüchter entwickeln im Laufe der Jahre selbst etwas Taubenartiges. Das zeigte sich eindeutig bei einem, der hier bei der Bahn Zugführer ist. Mein Sohn und ich waren wie jeden Montag im Stellwerk Lisahally. Abends um acht Uhr kreuzen dort ein leerer Dieseltriebwagenzug, der oft auch noch Güterwagen zieht, und der Personenzug aus Belfast. Der leere Dieselzug kommt meist zuerst, fährt am Stellwerk vorbei, über die Weiche nach links und dann zurück ins Abstellgleis. Vom Lokführer erhält der Weichenwärter den in eine Ledertasche mit Metallring verpackten Schlüssel für den Zugssicherungsapparat. Nach dem Einstecken dieses Schlüssels kann dem Apparat der Schlüssel für den Zug von Belfast nach Derry entnommen werden. Der fährt mit verminderter Geschwindigkeit am Stellwerk vorbei, denn der Lokführer muss sich den Reif mit dem Zugssicherungsschlüssel vom Weichenwärter über seinen ausgestreckten Arm stülpen lassen. Der reinste Stafettenlauf! Gleichzeitig wird der andere Schlüssel aus dem Zug geworfen. Dieser wird nun in den Apparat für die Teilstrecke Richtung Belfast eingefügt, sodass der Weichenwärter den Schlüssel für den leeren Dieselzug, mit oder ohne Güterwagen, hergibt. Dieses System ist inzwischen durch Lichtsignale ersetzt worden. Doch für einspurige Strecken war es ideal. Wenn es Unfälle gibt, dann auf andere Art.

Ich nehme also vom Weichenwärter den Zugsicherungsschlüssel in Empfang, trage ihn die Stellwerkstreppe hinunter und reiche ihn dem Zugführer. Ich kenne ihn, wie die meisten Leute bei der Bahn. Aber ich weiß auch noch, dass er Taubenzüchter ist. Ich kenne ihn von Taubenausstellungen her, und wir haben auch sonst miteinander über Tauben gesprochen, vor allem im Gepäckabteil des Zugs nach Belfast, wo auch die Körbe mit den zum Training beförderten Tauben stehen. Zum Fachsimpeln also Stoff genug.

Andy, der Zugführer, ergreift den Schlüssel und öffnet seinen Mund zu einem anerkennenden Lächeln. Das ist bei ihm wie die Schnabelbewegung einer Taube nach der Wasseraufnahme. Jetzt aber haben mein Sohn und ich die Bahnschranke zu bedienen, denn dort wartet schon die ganze Zeit ein blauer Ford Cortina. Schon hat der Weichenwärter den Schrankensicherheitshebel betätigt, und so lässt sich der Schrankenschlüssel drehen und herausziehen. Nun schieben wir die erste der beiden Schranken aus der Stellung über die Straße in die Stellung über das Bahngleis. Da mein Sohn sonst immer wartet, bis der Zug um die leichte Kurve verschwunden ist, ich aber finde, dem Cortina müsse endlich aufgemacht werden, muss ich das Schrankengeschäft allein verrichten. Soeben füge ich den Schrankenschlüssel ins zweite Schrankenschloss. Da ruft mein Sohn: „Er hält!“ Ich schaue auf. Ja, der Zug fährt nicht mehr. Der vordere Diesel ist auf dem Durchgangsgleis, der hintere auf dem Abstellgleis. Und dazwischen? Da stimmt etwas nicht. „Er ist entgleist!“, ruft der Weichenwärter vom Stellwerk herab. Der Personenwagen zwischen den beiden Triebwagen ist in Schieflage. Wir sehen den Lokführer und den Zugführer aus dem Zug klettern.

Ich drehe die zweite Bahnschranke in die Stellung über die Schienen, damit der Cortina endlich weiterfahren kann. Und jetzt kommt der Zugführer gerannt. Geflogen, sollte ich sagen, denn er überspringt, so ist er auf Tempo erpicht, immer jede zweite Schwelle. Andy, der Zugführer und Taubenzüchter, hat in den letzten Monaten ziemlich zugenommen, und doch rennt er wie ein Besessener. Schon ist er an uns vorbei und in Rufnähe zum Stellwerk. „Was ist, Andy?“, schreit ihm der Wärter entgegen. Aber Andy ruft nicht zurück. Für ihn gibt es offenbar nur noch das Rennen hinauf ins Stellwerk.

Weshalb ist Andy so gerannt? George, der Weichenwärter, hatte das Ereignis schon längst den anderen Stellwerken gemeldet. Meine Erklärung ist, dass Andy glaubte, er sei eine Taube, die unbedingt so schnell wie nur möglich den Schlag, das heißt hier das Stellwerk, erreichen müsse.

26 Onkel Fredy, der Bäcker

Die besten Voraussetzungen für die Brieftaubenhaltung bestehen in einer Bäckerei. Für die Leistungssteigerung der Reisetauben gibt es nichts Besseres als die Backstubenwärme. Unter den erfolgreichen belgischen Züchtern soll es viele Bäckermeister gegeben haben.

Mein Onkel Fredy war Bäckermeister. Leider hat er nie etwas mit Tauben zu tun gehabt, trotz der idealen Voraussetzungen. Die Backstube war ein Flachdachanbau. Der Backofen stieß an die ursprüngliche Außenwand an, sodass er nicht nur die dahinterliegende Wohnstube, sondern auch das ganze Haus erwärmte. Ganz besonders mollig war es in der Küche beim Zwischenimbiss. Zur karierten Bäckerhose und der vorgebundenen Bäckerschürze trug Onkel Fredy immer nur ein Leibchen. Selbst im Laden und beim Verpacken der Vierpfünder in den Veloanhänger. Genau diese Wärme wäre den Tauben zugute gekommen.

Das Flachdach über der Backstube war so gut geteert, dass man es ohne weiteres hätte als Terrasse benützen können. Hätte man sich an Sommernachmittagen bäuchlings draufgelegt, wäre einem am Rücken die Sonnenwärme und am Bauch die Backstubenwärme zuteilgeworden. Für die Tauben hätte man darauf einen großartigen Schlag stellen können. Onkel Fredy hätte die Tauben auch geschäftlich einsetzen können.

Seine Kundschaft war weit verstreut. Der Laufjunge legte mit Fahrrad und Tragkorb auf dem Rücken täglich über zwei Dutzend Kilometer zurück. Es gab auch ein paar Großkunden, zu deren Belieferung ein Fahrradanhänger verwendet wurde. Wenn ich in den Schulferien bei Onkel Fredy aushalf, war dies meine Aufgabe. Am anstrengendsten war die Fahrt zur Kantine der Ziegelei in Dättnau, da es bergauf ging. Einmal kippte der Anhänger um, und die Brote fielen in den Straßengraben. Beim Abwischen der Brotlaibe gab es Brösel, die am Straßenrand liegenblieben. Als ich auf der Talfahrt dort vorbeikam, sah ich allerlei Vögel, die sich an den Bröseln gütlich taten. Diesen ging es an jenem Tag besser, als es die damalige Brotgetreideversorgungslage eigentlich erlaubte.

Ein Telefon stand dem Kantinenverwalter damals nicht zur Verfügung. Den Zettel mit der Bestellung musste er dem Laufjungen am Tag vorher mitgeben. Da aber der Bedarf stark schwankte, wäre es besser gewesen, wenn Onkel Fredy Brieftaubenzüchter gewesen wäre. So hätte er dem Laufjungen in einem Korb eine Taube mitgeben können, die am folgenden Tag erst kurz vor der Auslieferung mit der exakten Bestellung der Backwaren eintreffen würde. Der Kantinenverwalter hätte die Bestellung auf ein hauchdünnes Blättchen Meldepapier geschrieben, sie in die winzige Meldekapsel gesteckt, die Taube aus dem Korb genommen, die Kapsel am linken Taubenbein befestigt und die Taube losgelassen.

Damals war die Abfallverwertung in einer Bäckerei ein Teil der Schweizer Landesverteidigung. Mit Tauben hätte Onkel Fredy noch einen größeren Beitrag dazu leisten können, wenn er sie als Meldetauben der Armee zur Verfügung gestellte hätte. „Wo Funk und Draht nicht verwendet werden können", hieß es, „hilft uns die Taube."

27 Yul Brynner

Beim Betrachten und Befühlen der Tauben eines dort, wo ich jetzt wohne, hochberühmten Vater-Sohn-Teams ging mir schlagartig auf, was Yul Brynners Erfolgsgeheimnis ist. Mit der Kopfhaarlosigkeit hat es nur indirekt zu tun. In aller Welt ist Yul Brynner – eigentlich, da sein Vater Schweizer war, Briener – als siamesischer König und als nie aus der Ruhe zu bringender Pistolenheld bekannt. Niemals sieht man ihn mit den Armen herumfuchteln, nie sägt er mit seinen Händen durch die Luft. Bei ihm spricht nur der Mund, und auch der nur spärlich. Woher hat Yul Brynner diese Beherrschung über seine Arme und Hände? *Method acting* ist, wie seine Haarlosigkeit, nur die halbe Wahrheit.

Die preisgekrönten Tauben von Hunter & Son sind in einem vierteiligen Schlag untergebracht. Die Ausmaße eines Abteils sind sehr klein. Wir gingen zu dritt in den Schlag, Vater, Sohn und ich. Dass sie mich gleich in den Schlag führten, überraschte mich. Sogar die Hühner fremdeln, wie viel mehr die Tauben. Doch von Angst seitens der Tauben keine Spur, kein nervöses Flügelflattern, kein Sich-in-die-Ecken-Drücken. Ganz anders als in unserem Schlag, wenn meine Schwiegermutter zum Anbringen des Sicherheitsgitters beim Ausflug erscheint. Gleich setzte sich eine Täubin der Hunters, zweimalige Siegerin des Wettflugs von Nantes, auf meine Schulter und dann sogar auf den Kopf. Was die Täubin in mir sah, weiß ich nicht. Der Sohn sagte lächelnd: „She fancies you.“ Auch der Vater freute sich. Ich war aufgenommen.

Hätte mich das Gebaren dieser zutraulichen Täubin jedoch erschreckt, hätte ich mit den Händen, den Armen und dem Kopf nervös reagiert, wäre ich zum Fremdkörper, ja zum Feind im Schlag geworden. Die Hunters hätten mich nicht als zu ihnen gehörig erkannt. Die Grundfläche des einzelnen Abteils war kaum sechs Fuß im Quadrat, die Höhe noch etwas geringer. Und doch gab es acht Nistzellen und Sitzbrettchen mit Platz genug für Eltern- und Jungtiere. Mit Vater, Sohn und mir in der Mitte, den Tauben in den Nistschalen, auf den Sitzbrettchen, am Boden oder auf der zweifußbreiten Veranda auf der Vorderseite hätte sich bei Mensch und Tier richtiggehend Platzangst entwickeln können. Doch die Tauben schienen über den Besuch erfreut. Sie ließen sich von Vater und Sohn ohne jedes Flügelzucken ergreifen, und ich bekam sie, wie das in Taubenfachkreisen üblich ist, zur Überprüfung der Kielform, der Brustmuskulatur, der Schwungfedern und der Augen, in die Hand gereicht. Der dabei herrschende Frieden überwältigte mich.

Zwar hatte ich schon bei früheren Visiten in Taubenschlägen gemerkt, dass man beim Reden über die Tauben nicht mit den Händen sprechen soll. Aber jetzt wurde mir erstmals ganz deutlich, dass man als Taubenzüchter seine Gestik wie von selbst zu beherrschen lernt. Daher sollte jeder Schauspieler, der Hamlets Kritik des Säbelns und Sägens standhalten will, Taubenzüchter werden. Shakespeare war wahrscheinlich einer. Yul Brynner jedenfalls, wie man in Taubenfachzeitschriften und der sonstigen Presse nachlesen kann, ist einer, und das also ist sein Erfolgsgeheimnis.

28 Die Ringeltauben-Plage

In Südengland, in Hampshire, Berkshire usw. hat sie den Kosenamen „Woodie". Dabei ist sie ein Schädling erster Ordnung, sogar der Gegenstand einer ministeriellen Publikation. Es darf auf sie das ganze Jahr hindurch Jagd gemacht werden, denn bis jetzt ist außer dem Abschuss keine andere Bekämpfungsmethode entwickelt worden. Für den passionierten Jagdschützen ist der uneingeschränkt bewilligte Abschuss der Ringeltauben eine Einladung zum Aufstellen und Brechen von Rekorden. Es gibt gewiss auch Befürworter der planmäßigen Vernichtung der Stadttauben, also der verwilderten Haustauben. Es wird aber auch öffentlich dagegen protestiert. Im Fall der *Columba palumbus* scheint es keine Proteste zu geben. Die Landwirte sind froh und dankbar für die Hilfe, die sie im Kampf gegen die Ringeltaubenplage von den Sportschützen bekommen. Der Ringeltaubenjäger muss ein großer Stratege sein. Ohne minutiöse Aufklärung im Felde geht es nicht. Neben den Schlaf- und Rastplätzen müssen die Flugbahnen ausgekundschaftet werden, vor allem aber der am Schießtag benutzte Standort. Ist der einmal bestimmt, muss der Schütze mit Tarnnetzen und Zweigen ein Versteck errichten und die Locktauben aufstellen, in Fressstellung natürlich, damit der Futterneid das seine tut. Gekaufte Plastiktauben sollen nicht so gut sein wie präparierte Taubenbälge, weil der Farbanstrich im Sonnenlicht unnatürlich glänzt. Auch braucht man anfänglich mindestens zehn Stück. Man kann die Locktauben auch aus alten Gummistiefeln, aus Wellingtons, ausschneiden. Bei der Bemalung ist der weiße Flügelstreifen besonders wichtig.

Seit dem Anfang meiner Taubenbesessenheit, seit den 1970er Jahren, ist die Rekordzahl der Abschüsse von Ringeltauben durch einen alleinigen Schützen immer weiter gestiegen. Major Archie Coats (1916–1989), der Verfasser des Buches *Pigeon Shooting* (1963), war der Doyen der Taubenschützen. Sein Rekord von 1962, als er an einem Tag 550 Ringeltauben schoss, wurde erst in diesem Jahrhundert gebrochen. Die höchste Abschusszahl wurde 2010 erreicht, mit einem obszönen Massaker von 10.641 Tauben.

29 Die Pfautauben

Sie waren ein Geburtstagsgeschenk meiner Schwiegermutter. Auf Englisch heißen sie „fantails", auf Deutsch Pfautauben. Im englischen Nahmen wird der Schwanz mit einem Fächer verglichen, im deutschen mit dem aufgerichteten Rad eines Pfaus. Während Brieftauben nur 12 Schwanzfedern haben, haben Pfautauben bis zu 42. Ein besonders herrlicher Anblick sind für mich selbstverständlich die schneeweißen.

Als ich dem Taubenclubpräsidenten von meinen Pfautauben erzählte, kam er sogleich auf gewisse belgische Brieftaubenzüchter zu sprechen, die diese Rasse als Lockvögel verwenden. Sobald an einem Wettflugtag am Himmel eine Taube auszumachen ist, streut der Züchter einige Körner auf die Innenseite des Einflugs. Augenblicklich flattert die absichtlich ausgehungerte, blendend weiße Pfautaube vom Schlagdach zu den Körnern. Erblickt das der Heimkehrer, kommt er im Sturzflug auf das Landebrett und in den Schlag, wo sein Gummiring abgenommen und sofort in die Konstatieruhr eingegeben wird. So sind demnach die Pfautauben nicht nur schön, sondern für den Endspurt unentbehrlich, da Sekunden über Sieg oder Nichtsieg entscheiden können.

Ich war froh, dass in unserem Schlag wieder einmal etwas war, das der Taubenclubpräsident nicht zu beanstanden hatte. Aber meine Freude kam zu früh. In der Brutzeit müsse ich die Pfautauben, wenn ich keine Bastarde wolle, aus dem Schlag entfernen, sagte er. Daran hatte ich nicht gedacht, als ich die Pfautauben mir nichts, dir nichts in den Brieftaubenschlag gesteckt hatte. Meine Schwäche für weiße Tauben war jedoch größer als das Streben nach reinrassigen Tieren. Ich wusste nicht, ob die zwei Pfautauben ein paar waren oder nicht. Eine davon verschwand eines Tages für immer.

Wie hierzulande jeder richtige Taubenzüchter machte ich am Valentinstag, am 14. Februar, die Nistzellen auf. Es ist hier nicht nur der Tag, an dem die Menschen ihre Liebsten mit anonymen Briefen, Karten und Blumen erfreuen, sondern es ist auch der Tag, an dem sich sämtliche Tauben paaren. Schon an diesem ersten Tag der Balz sah ich, wie der rotweiße Täuber, den wir Schweizerkreuz nannten, die verbleibende Pfautaube, von uns Fanny geheißen, umschwärmte. Sie war die erste im Schlag, die Eier legte. Jetzt konnte kein Zweifel mehr bestehen. Sie war ein Weibchen. Schweizerkreuz war ein Mustertäuber. Im Gegensatz zu anderen Männchen hielt er seine Brutschicht immer streng ein. Er machte sogar Überstunden auf den Eiern, und wenn ich ihn, wie die anderen Wettflugkandidaten, im Lieferwagen des Taubenclubs auf einen Trainingsflug schickte, kam er immer als einer der Ersten zurück, flog sogleich in den Schlag ein und aufs Nest, so besorgt war er um seine Nachkommenschaft. Leider kam es nur bei einem der zwei Eier zum Schlupf. Doch das Einzelkind gedieh umso besser, und bald sah ich, dass es wie die Mutter ganz weiß befiedert war.

Eine unserer Tauben, genannt Schweizerkreuz

Der erste Wettflug der Saison fand statt, als das Junge zwölf Tage alt war. Mit drei weiteren Täubern brachte ich Schweizerkreuz ins Clublokal zur Registrierung. Die drei anderen hatten noch keine Jungen im Nest, nur fast schlupfreife Eier. Eigentlich waren ihre Chancen besser als die von Schweizerkreuz. Sie waren noch nicht geschwächt durch das Füttern der Jungen. Dennoch war Schweizerkreuz unsere große Hoffnung. Leider eine falsche. Keine der vier Tauben schaffte es vor

Toresschluss am Samstag, am Tag des Rennens. Nur eine traf noch am Sonntagmorgen ein. Schweizerkreuz und die zwei andern sahen wir nie wieder.

Fanny ließ das Junge im Stich, und es ging ein. Bald aber zeigte ein rotgescheckter Täuber Interesse an Fanny. Wieder gab es sehr rasch Eier. Doch nach Ablauf der Inkubationszeit schlüpfte nichts aus. Bei der nächsten Runde schlüpften beide Jungen aus, starben jedoch, bevor sie richtig befiedert waren. Beim dritten Gelege gelang die Aufzucht von wenigstens einem Jungen. Dieses war aber weder weiß noch rot, sondern blau wie die Felsentauben. Im darauffolgenden Jahr hatten Fanny und der Gescheckte vier gesunde Junge, aber keines war ganz weiß. Eine ganze weiße Taube brachte erst der blaue Bastard vom Jahr zuvor zustande. Da unser Schlag als Rennstall kläglich versagte, war mir nicht mehr an Rassenreinheit gelegen. Ich hatte Freude an den Mischlingen, bei denen ich mit Stolz die Schwanzfedern zählte. Fanny hatte nur 20, statt 30 oder 40. Zusammen mit dem Rotgescheckten zeugte sie Junge mit 16.

Als ich vor einem Gastvortrag in der Queens University in einer Zoohandlung eine Pfautaube sah, konnte ich nicht widerstehen und kaufte sie, vielleicht war das nun der Täuber für Fanny. Ich hatte keine Zeit mehr, sie ins Auto zu bringen. So nahm ich die Schachtel mit der Taube mit in den Hörsaal. Nach etwa zehn Minuten kamen aus der Schachtel krabblige Geräusche, und es gab böse Blicke in meine Richtung. Da blieb für die Taube und mich nur noch die Flucht.

30 Begegnung in Amiens

Erst jetzt weiß ich, dass ich schon 1954 der Varietät *Colmcille,* also der Kirchentaube, begegnet bin. Ich war per Autostopp unterwegs von Paris nach London. Es traf sich, dass der Citroën-Fahrer, der mich von Chantilly an mitgenommen hatte und der eine Jagdpartie vorbereiten wollte – doch nicht etwa ein Taubenschießen! – in Amiens von meiner Route abzweigte. Dass es dort eine berühmte Kathedrale aus dem dreizehnten Jahrhundert gibt, war mir nicht unbekannt. Aber weil ich noch nie so nah am Meer gewesen war und nur noch an meine erste Begegnung mit dem Meer denken konnte, hatte ich in Amiens keinen Halt vorgesehen. Die zufällige Fahrtunterbrechung bewog mich nun doch, die Kathedrale aufzusuchen. Ohne Stadtplan war dies gar nicht einfach. Aber schließlich führte mich ein Kriegsbeschädigter mit gelähmtem Arm, der trotzdem wie zur Arbeit in Gummistiefeln und im Überkleid steckte, für ein kleines Trinkgeld zum Portal der Kathedrale. Sie enttäuschte mich. Ringsum gab es auch noch viel Ausgebombtes. Was an Glasmalereien übrig war, gefiel mir nicht. Behelfsmäßig hatte man gewöhnliches Fensterglas eingesetzt, aber noch nicht überall. Es fehlte einerseits das gotische Dunkel, das mich in Notre Dame in Paris so beeindruckt hatte, und andererseits die Stille, denn der Wind heulte durch die

Lücken, und das provisorische Glas klirrte. Wie in mir selbst herrschte in der Kathedrale von Amiens 1954 die Unruhe des Meeres.

So blieb ich nicht lange. Schon war ich auf der Ausfallstraße nach Doullens, da hörte ich hinter mir eine Frau rufen. Ob ich Schweizer sei? Sie hatte an meinem Rucksack den Wimpel gesehen. Ja. Sie selbst sei aus Sumiswald, sagte sie, sichtlich erfreut, wieder einmal Berndeutsch sprechen zu können. Vor acht Jahren sei sie mit ihrem Mann hierhergekommen. Er sei Pole. Ich solle doch zum Kaffee kommen. Eben habe sie an der Pumpe dort frisches Wasser geholt.

Von den Polen wusste ich, dass viele von ihnen während des Krieges in der Schweiz interniert waren. Ich konnte mich noch an den Stacheldraht und die Holzbaracken eines Internierungslagers erinnern, an die Insassen, die zur Umzäunung kamen, weil dort gutherzige Frauen Zigaretten und Schokolade verteilten. Auch kam mir in den Sinn, dass meine Mutter und die Nachbarinnen einander erzählten, dass die und die jetzt auch mit einem Polen gehe. Auch von Ehen zwischen Schweizer Mädchen und Polen hatte ich gehört. Da war die Tochter eines Papeterie-Händlers, die einen internierten polnischen Arzt geheiratet hatte. Von diesem Herrn Doktor war bei uns zu Hause viel die Rede gewesen. Nachdem in den Freibergen im Jura im Juni 1940 der Übertritt der Bourbaki-Armee von 1871 ein zweites Mal durchgespielt worden war, also das 45. französische Armeekorps sich hatte internieren lassen, durften nach der Unterzeichnung des Waffenstillstands zwischen Deutschland und Frankreich die französischen Staatsbürger dieser Truppen nach Hause zurückkehren. Die Polen aber, die in Frankreich im Exil gelebt hatten und zu einer französischen Schützendivision vereinigt worden waren, mussten in der Schweiz bleiben. So haarscharfe Unterscheidungen macht das Kriegs- und Völkerrecht! In Sumiswald gab es viele internierte Polen. Dort war auch ein Polenkrankenhaus. Die gesunden Polen kamen, wenn sie nicht den Offiziersrang hatten oder Studenten waren, in den Arbeitsdienst.

Auf dem väterlichen Hof in Sumiswald, sagte mir die Frau, hätten sie auch ein paar Polen gehabt. Da sei einer gewesen, der immer so traurig und hilflos gewesen sei, und den habe sie dann nach Kriegsende geheiratet, und schließlich seien sie hier nach Amiens gekommen, wo ihr Mann vor seinem Militärdienst unter der französischen Fahne ein Auskommen gehabt habe. Aber davon sei nichts mehr übrig gewesen. Viermal hatte die Stadt, die schon im Ersten Weltkrieg hart umkämpft worden war, ihren Ortskommandanten gewechselt. Im Stadtzentrum habe es fast nur noch die Kathedrale gegeben, und sie und ihr Mann hätten sich zuerst eigenhändig eine Unterkunft bauen müssen. Zum Glück bekomme er eine Kriegsrente. Aber sein Lungenleiden werde immer schlimmer. Auch jetzt, 1954, sei er höchstens Gelegenheitsarbeiter. Mir als Landsmann könne sie ja gestehen, dass die kleine

Mademoiselle nicht ihre eigene Tochter sei. Ihr Mann habe es noch mit einer anderen gehabt. Aber sie habe ihrem Mann verziehen, und als feststand, dass sie selbst keine Kinder haben könne, sei sie froh gewesen um das Kind von der anderen.

Die Behausung hatte elektrisches Licht, aber eben kein fließendes Wasser. Sie war einstöckig, aus Betonblöcken gebaut, hatte ein gewelltes Asbestdach und stand dicht an der Überlandstraße. Die Sumiswalderin in Amiens war nicht auf Rosen gebettet. Es war gerade der 14. Juli, und sie hieß mich, zum Mittagessen zu bleiben. Es gab Kaninchen aus eigener Zucht. Zum Kaffee kam ein Kriegskamerad. Jetzt sprachen die beiden Männer polnisch und ich mit der Frau schweizerdeutsch. Es kamen noch mehr Bekannte. Es sei großartig, sagte die Frau, wie die Polen zusammenhalten, wie sie einander helfen beim Häuserbauen und auch sonst. Weil es der 14. Juli war, gab es einen Jahrmarkt. Dort wollte die lebhafte kleine Mademoiselle immer nur Karussell fahren. Wir Männer versuchten es am Schießstand. Die Polen schossen gut. Irene bekam einen Teddybär und ein Kätzchen. Ich wurde immer wieder neuen Bekannten vorgestellt, alles Polen, aber mit mir und der Sumiswalderin sprachen alle Französisch. Irgendwo wurden wir zum Kaffee eingeladen. Es wurde spät für Irene. Auch ich wurde müde von diesem Kommen und Gehen. Wir gingen nach Hause an der Straße nach Doullens. Ich schlief auf dem ausziehbaren Bett in der Stube. Ich solle doch noch einen Tag bleiben, sagte die Sumiswalderin am anderen Morgen. Aber ich wollte nun ans Meer und hinüber nach England.

Obwohl das alles in meiner vorkolumbianischen Zeit geschah, enthält mein Tagebuch aus dem Sommer 1954 doch den Vermerk, dass in der Kathedrale von Amiens nistende Tauben waren. Auch lese ich, dass in Amiens ein berühmtes Hostiengefäß in der Form einer Taube, ein Peristerium, aufbewahrt werde. Wahrscheinlich haben die Tauben selbst während den schwersten Kämpfen die Kathedrale als Refugium benutzt. Die Kirchentauben blieben, und die Polen, die sich schon vor 1939 in Amiens eingenistet hatten, kamen zurück wie die Tauben. Weil Amiens der einzige Heimatschlag war, den sie kannten. Ob man im Bistum Amiens Columcille, den Gründer von Derry, verehrt, weiß ich nicht; aber seinen Geist konnten nicht einmal zwei Weltkriege vertreiben.

31 Angriff auf einen Taubentransporter

Dort, wo ich jetzt wohne, schießen die Straßensperren wie Pilze aus dem Boden. Jeder und alles muss da anhalten und ein Stück amtliches Papier zeigen. Manchmal tragen die mit den Fangarmen allerdings Uniformen ohne amtliche Abzeichen. Aber jeder und alles muss trotzdem eine Inspektion über sich ergehen lassen. Auch die Tauben. Auf diese Weise wurde auch ein ganzer Kabinenexpress mit über 5.000 Tauben angehalten. In diesem Fall fehlten die amtlichen Abzeichen an den Uniformen. Man wollte das Fahrzeug für nebenamtliche Zwecke in Beschlag nehmen, vermutlich zur Herstellung einer Möbelwagenbombe für eine Hauptgeschäftsstraße. Der Reisebegleiter und der Fahrer des Transporters müssen beim Gedanken an das Massaker von über 5.000 Tauben dem Zusammenbruch nahe gewesen sein. Sie sahen Hunderte von Taubenschlägen vor sich, Hunderte von geduldigen, den Tauben ganz zugetane Männer, Tausende von Taubenweibchen, deren Brut ohne die Rückkehr der Männchen verloren war.

Irgendwie erbarmten sich die Terroristen aber doch der Tiere. Die Tauben durften freigelassen werden. Das war bei diesem höchst modernen Kabinenexpress mit einem einzigen Hebelgriff möglich. So gab es für die

Taubenzüchter keinen Wettflug, aber wenigstens einen Heimflug. Der beschlagnahmte Kabinenexpress wurde jedoch verbrannt.

32 Goethe und die Tauben

„Wenigen ward es gegeben“, schrieb der junge Goethe, „einen Babelgedanken in der Seele zu zeugen“. Dass dieser Satz auch etwas mit den Tauben zu tun hat, ist bis jetzt niemandem eingefallen. Babylon, wo eine weiße Varietät von *Columba livia* der Göttin Istar heilig war, hieß im Volksmund nicht nur „Tor Gottes“, also Babel, sondern auch „Stadt der Tauben“. Selbstverständlich geht es in einer Taubenstadt nicht ohne Taubenschläge oder -türme. Hätte Gott damals schon gallenlose Sanftmut besessen, wäre es nie zur babylonischen Sprachverwirrung gekommen. Er hätte gesehen, dass der Turm auch den Tauben zuliebe gebaut worden war, ja, dass erst mit der Vollendung des weithin sichtbaren Versammlungszeichens Babel seine Namen verdient hätte, dass erst auf der Turmspitze das eigentliche Gottestor entstanden wäre: der Einflug und Ausflug der Tauben.

Dass Erwin von Steinachs Konzeption, „deren Sinn babylonisch in den Himmel strebte“, auch eine Stätte für Vögel war, hat Goethe durchaus bemerkt. Ja, nachdem ihm der Geist des großen Werkmeisters erschienen war, trauerte er nur so lange der Nichtvollendung des Münsters nach, „bis die Vögel des Morgens, die in seinen tausend Öffnungen wohnen, der Sonne entgegenjauchzten und [ihn] aus dem Schlummer weckten.“

Ob er aber, vor allem in seinem Enthusiasmus, imstande war, wie der nicht vom Nordnordwest aus der Fassung gebrachte Schlegelsche Hamlet, „Tauben und Dohlen recht gut [zu] unterscheiden", ob er also einerseits die Kirchentaube, also Columcille, erkannte und andererseits die Kirchenkrähe, die „Corneille d'église", das ist die große Frage. Eckermann, der laut des Meisters Tagebuch die „Vogelsucht" hatte und der im Haushalt von Goethe offenbar den Spitznamen hatte: „Ei, der Kuckuck und kein Ende", hätte sie wohl verneint, denn auf einer der Spazierfahrten ertappte er Goethe beim Verwechseln von Ammern und Sperlingen mit Lerchen. „Du Großer und Lieber", dachte der entsetzte Eckermann, „der Du die ganze Natur wie wenig andere durchforschest hast, in der Ornithologie scheinst Du ein Kind zu sein".

Nun braucht man nicht unbedingt das Bestimmen der Lerchen, Ammern, Braunellen, Hänflinge, Grasmücken und der sonstigen Lieblinge Eckermanns aus dem Effeff zu beherrschen, um eine Taube zu erkennen. Das kann sogar ein Kind, vor allem eines der Goethezeit, wo Mädchen wie Knaben mit Tauben noch auf Du und Du waren. Mädchen ließ man – und das war für Goethe das wichtigste an der Frauenbildung – gute Köchinnen werden. Damals wusste jede Köchin, also jedes Mädchen, dass beim Taubenausnehmen keine separate Gallenblase zum Vorschein kommt. Während beim Verhältnis der Mädchen zu den Tauben Liebe nur insofern eine Rolle spielte, als diese, zum Beispiel in der Gestalt einer köstlich zubereiteten Taube, durch den Magen ging, konnte sie beim Verhältnis der Knaben zu den Tauben zur rechten Liebhaberei gedeihen. Dann fraßen ihnen die Tauben nicht bloß aus der Hand, sondern direkt aus dem Mund. Mit der Mast von Tauben hatte das nichts mehr zu tun, nicht wie das in vielen Ländern jahrhundertelang praktizierte Blasen des breiigen Futters vom Menschenmund in den Taubenkropf. Es war reiner Dilettantismus, pure Freude am zarten, bunten Geschöpf. Ob er im Elsass oder zu Hause in Frankfurt selbst Tauben aus dem Mund fütterte oder nicht, Goethe war mit dem innersten Geist der Taubenliebhaberei erfüllt, als er das Künstlergedicht „Dilettant und Kritiker“ schrieb:

> Es hat ein Knab eine Taube zart,
> Gar schön von Farben und bunt,
> Gar herzlich lieb, nach Knabenart,
> Geätzet aus seinem Mund,
> Und hatte so Freud am Täubchen sein,
> Dass er nicht konnte sich freuen allein.

Wes das Herz voll ist, des geht der Mund über! Aber nur bei Unerfahrenen, denn leider ist dieser Welt die Taubeneinfalt, die *sancta simplicitas*, nicht gewachsen. Ohne Schlangenklugheit wird einem das Geliebte von schlauen Füchsen schamlos gestohlen und weggefressen. Wer Liebesbekenntnisse ablegt – so schließt Goethe sein Taubenzüchtergleichnis – „der sei vor Füchsen auf seiner Hut".

Der junge Goethe hielt es allerdings nicht mit den Tauben, sondern mit Raubvögeln: „Dem Geier gleich … schwebe mein Lied". Was aber, fragt Goethe im Gedicht „Adler und Taube", wenn so ein kühner Vogel vom Jäger angeschossen und flügellahm wird? Kann ihm da die Genügsamkeit, die Weisheit des im stillen Myrtenhain glücklich gepaarten Täubers ein Ersatz sein für die verlorene „Schwingkraft"? Darauf entgegnet der Adler, ein Hypochonder wie Werther: „O Weisheit! Du redst wie eine Taube." Womit der Adler sagen will: Die Botschaft hör ich wohl, allein mir fehlt die Einfalt. Und natürlich auch das Weibchen. Als Goethe dieses im Walde für sich hingehend und nichts suchend endlich fand, war er kein verletzter Adler mehr. Jetzt redete er selbst wie eine Taube und nannte Christiane seinen Haus- oder Bettschatz, also sein Haustäubchen. Oft war ihm das Taubendasein doch nicht behaglich. „Es wohnt niemand bequem bei mir", schrieb er einmal seinem Duzfreund und Vertrauten, dem Komponisten Zelter, „weil es zu unruhig ist und meine Wohnung wie ein Taubenschlag ist." Trotzdem zeigte er wie eine echte Taube große Schlagtreue und kam von seinen Ausflügen immer wieder zurück. Und als sein tüchtiges Haustäubchen mit Todesverachtung die taubenfressenden Franzosen vertrieben und das herrliche Nest gerettet hatte, ging Goethe flugs zum Pfarrer, denn solche Taubentreue musste jetzt unbedingt den Segen von Kirche und Öffentlichkeit haben.

Wer sich von seinen Liebsten entfernt, die Verbindung mit ihnen aber nicht verlieren will, braucht Boten, die mit Liebeszeichen hin- und hereilen. Wie zum Beispiel aus den *Lehrjahren* ersichtlich ist, dachte Goethe als bibelfester Mensch, wenn der ausgesandte Bote die erwünschte Kunde nicht einbrachte, unwillkürlich an Noahs erste Taube, die ohne Ölblatt zurückkehrte. Dass er von der Taube als Kommunikationsmittel gehört hatte und sogar wusste, was die Taube zum schnellen Heimflug antreibt – die Jungen und der Hunger – bestätigt eine Stelle in *Faust II*:

> Von Tauben hast du ja vernommen,
> Die aus den fernsten Landen kommen,
> Zu Ihres Nestes Brut und Kost.

Wäre Goethe schon in den 1790er Jahren in das Prinzip der Taubenpost eingeweiht gewesen, hätte er vielleicht, im Zeichen des Bundes mit Schiller, in Weimar und Jena Brieftaubenschläge einrichten lassen. Dann wären nur circa zwanzig Taubenminuten zwischen ihnen gewesen, und sie hätten täglich mehrmals miteinander korrespondieren können. Nur wäre dieser Briefwechsel auch mit einem Taubenwechsel verbunden gewesen. Ohne einen menschlichen Boten, der einmal oder zweimal in der Woche mit dem Taubenkorb zwischen Weimar und Jena hin- und hergelaufen wäre, um Goethes Tauben zu Schiller und Schillers Tauben zu Goethe zu bringen, wäre es nicht gegangen. Es sei denn, Goethe hätte einen Taubentrainer anstellen können wie den Italiener Malagoli, der es fertigbrachte, Tauben zum Hin- und Herfliegen auszubilden, indem er sie am Ort A verpaarte und am Ort B verpflegte. Bei einem Kurzstreckenmeldedienst wie dem zwischen Weimar und Jena wäre das durchaus im Bereich des Möglichen gewesen. Zu Schiller wären die Tauben fressen gegangen, und zu Goethe heim ins Nest. Vierzig solcher Tauben hätten selbst für den regsten Gedankenaustausch genügt, auch wenn nur die Täuber, also die Hälfte, zum Einsatz gekommen wären. Sie allein hätten, wenn von ihnen wiederum die Hälfte in Jena übernachtet hätte, sowohl in Weimar wie in Jena von morgens acht bis abends fünf Uhr einen halbstündlichen Postabgang ermöglicht. Wären um die Vesperzeit gleich fünf oder sechs Tauben vor Goethes Fenster aufgekreuzt, hätte er im Voraus auf eine ganze Abhandlung aus Jena tippen können, denn längere Briefe hätten auf mehrere Tauben verteilt werden müssen.

Im Frühjahr wären die von Schiller zurückfliegenden Täuber mit Nistmaterial im Schnabel bei Goethe eingetroffen. Es gibt in *Grimms Wörterbuch* unter „Friedenstaube" drei Verse von Goethe, die es wahrscheinlich machen, dass Goethe sich bei ihrem Anblick als der neue Noah gefühlt hat:

> Ein Sonnenabglanz hielt und hebt mich gar,
> Und schon begegn' ich einer Friedenstaube,
> Die holde Zweige der Entsühnung bringt.

So sehr war für Goethe der Botendienst der Taube mit dem Frieden verbunden, dass es mehr als nur ein Wortspiel ist, wenn er Faust, nachdem dieser die Brieftaube genannt hat, dem Kaiser die in der Schlacht auf dem Vorgebirge herrschenden „wichtigen Unterschiede" erklären lässt:

> Die Taubenpost bedient den Frieden,
> Den Krieg befielt die Rabenpost.

Es spricht Bände, dass Goethe die beiden hochberühmten Raben Odins, nahe Verwandte von Apollos verräterischen Raben, Mephistopheles zur Verfügung stellt. Sie sind eben, wie der Krieg, des Teufels. Goethe würde sich im Grab umdrehen, wenn er vernähme, dass es seit den zwei Weltkriegen eine ganze Heldengalerie von Kriegstauben gibt.

Als aufmerksamer Leser von James Fenimore Coopers *The Pioneers, or the Sources of the Susquehanna* kann es Goethe nicht entgangen sein, dass selbst in den erst eröffneten Räumen Amerikas die Tauben nicht in Frieden leben durften. Es wird ihm beim Taubenschießen in Templeton, bei dieser teuflischen Volksbelustigung, wo die Siedler mit allen vorhandenen Waffen, sogar mit einer Kanone, in die Millionenschwärme der Wandertauben hineinschossen, genauso traurig zumute gewesen sein wie Lederstrumpf, dem diese scheuen und harmlosen Vögel während seiner vierzig Jahre als Waldläufer Gefährten, „company to a body" waren, also zu den „Brüdern im stillen Busch, in Luft und Wasser" gehörten. Deren Aussterben hat Goethe, dem Tauben, wie ich hoffentlich klar gemacht habe, nicht gleichgültig waren, zum Glück nicht mehr erleben müssen. Auch nicht die beunruhigende Abnahme der „Vögel des Morgens" in Erwin von Steinachs babylonischem Turm, vor allem der Tauben, die Goethe, Eckermann zum Trotz, als ihr erwiesener Liebhaber, bestimmt nicht mit den Dohlen und den paar Turm- und Wanderfalken verwechselt hätte.

33 Taubenschwund in Straßburg

In der Zeit von Goethes Straßburger Aufenthalt bis ins Jahr 1909 zogen immer mehr verwilderte Haustauben in den „erhabenen Bau Erwins von Steinach“, der, wie sich der Straßburger Taubenchronist ausdrückt, „mit seinen unzähligen Nischen … den Tauben Nistgelegenheiten [bietet,] wie selten ein anderes Bauwerk. Es ist daher wenig befremdend“, fährt er fort, „wenn Haustauben der Nachbarschaft ihre Schläge verließen und sich an der Münsterfassade oder im Turm selbst geeignete Schlupfwinkel zum Nisten aussuchten.“ In Gottes Haus sind bekanntlich viele Wohnungen.

Bald aber fielen die Tauben, die das Münster in ein wahres Babylon, eine Taubenstätte, verwandelt hatten, den Straßburgern lästig, und da ihnen diese Vogelart nicht wie den Russen eine heilige Kuh war, scheuten sie sich nicht vor Vernichtungsaktionen. Schließlich hatte selbst Christus die Tauben zum Tempel hinausgetrieben, allerdings ohne ihnen wie den Schafen und Ochsen mit der Peitsche zu drohen und ohne die Taubenkörbe wie die Tische der Wechsler und die Stühle der Taubenkrämer umzustoßen. Mit den Tauben ging er sanfter um und ließ sie hinaustragen. Er hätte sonst bei der Tempelreinigung, als Geistestaube, aus seinem Herzen eine Mördergrube gemacht. Die Straßburger

Münstertauben aber blieben. Da konnte man lange Gift streuen, Schrot verschießen oder Schlingen legen. Die Tauben vermehrten sich weiter. Es schien, als ob nur ein Tausendkünstler wie der Rattenfänger von Hameln hier etwas hätte ausrichten können.

„Da, im Jahr 1909", berichtet Scherdlin, „geschah etwas Unerwartetes. Die Tauben nahmen plötzlich ab, von Jahr zu Jahr verringerte sich ihre Zahl in ganz auffälliger Weise." Im Herbst 1912 waren die Münstertauben „nur noch in ganz geringer Menge vorhanden." Auf dem Gutenbergplatz jedoch hatte sich die Taubenszene nicht verändert. Dort fütterte, laut Scherdlin, „der Taubenfranz so viele seiner gefiederten Lieblinge wie früher". Offenbar wollten die Tauben diesen Namensvetter ihres Schutzheiligen nicht im Stich lassen. In seinem Kummer um die Münstertauben schickte Scherdlin eine Umfrage an die naturkundlich interessierten Kreise aller Städte der Welt. Ob auch bei ihnen die Stadttauben am Aussterben seien? Gleichzeitig trug er seine Theorie zur Begründung des Taubenexodus vom Straßburger Münster vor. 1908 habe man den Münsterplatz und die angrenzenden Straßen asphaltiert. Mit dem Verschwinden der Pflastersteine, zwischen denen die verschütteten Körner, vor allem der Pferdehafer, dem Kehrbesen nicht, dem Taubenschnabel jedoch mühelos erreichbar waren, sei auch die wichtigste Taubenfutterquelle verschwunden. Dazu komme noch die fortschreitende Motorisierung, wodurch eine weitere Quelle, die unverdauten Bestandteile der Pferdeäpfel, am Versiegen sei. Im Weiteren habe Straßburg seit der Asphaltierung die tägliche Straßenreinigung mit Wasser eingeführt. So sei eine akute „Nahrungsnot“ entstanden, und daher seien „die Tauben größtenteils entflogen“.

Nur aus zwei Städten – eine davon war Bern – bekam Scherdlin Antworten, die ihm den Zusammenhang zwischen der Teerung von Straßen und Plätzen und dem Verschwinden der Stadttauben bestätigte. In den paar anderen Städten, wo eine Abnahme überhaupt Beachtung gefunden hatte, war man eher der Meinung, dass die „stets größer werdende Zahl der telefonischen Leitungen“ die Tauben vertreibe. (Anmerkung: Das Telefon macht eben sowohl den Brief wie seinen Träger, d.h. die Taube überflüssig!) Sonst aber hörte Scherdlin vorwiegend aus Städten, wo die Stadttauben nach wie vor eine Plage waren und dementsprechend bekämpft wurden, durch Vergitterung ganzer Fassaden, durch den Einsatz von Falken als Taubenschreck oder durch städtisch organisierten Taubenfang. Einer teilte ihm mit, dass er, „obwohl großer Tierfreund, energisch dafür [sei], die Tauben sowie andere Vögel, welche sich die Kirchen als Wohnstätten auswählten, auszurotten“. Trotz der vielen Zuschriften musste Scherdlin zugeben, dass seine „Taubenfrage … also noch offen“ stehe, vor allem auch weil es an „genügenden und besonders an genauen Beobachtungen“ fehle. Einer der Korrespondenten hatte ihm unverfroren gestanden, dass er „nur freilebende Tiere in [seinen] Studienkreis ziehe, [sich] mit verwilderten Haustieren aber nicht abgebe".

Wenn sich Scherdlins Hypothese vom Asphalt bestätigt hätte, gäbe es heute keine Stadttauben mehr. Dass der Mensch der Asphaltstädte nach zwei Weltkriegen den Tauben gegenüber weicher werden und sie, auch wo es verboten ist, sogar füttern würde, konnte er nicht voraussehen, auch nicht, dass die Tauben vielleicht aus Straßburg abgezogen sind, weil sie schlimme Zeiten witterten. Leider konnten sie nicht wie die Taube im Eichenwald von Dodona mit menschlicher Stimme reden. Doch es hätte ihnen auch so niemand zugehört, denn an einen Unglücksraben hätten die Leute wohl noch geglaubt, nicht aber an Unglückstauben. Ob seither Goethes „Vögel des Morgens", nicht die Dohlen, die Tauben, zurückgekehrt sind, die im August 1908, „als das Luftschiff des Grafen v. Zeppelin zum ersten Mal [Straßburg] überflog und auf dem Münster … Böllerschüsse abgefeuert wurden", noch in unzählbaren Schwärmen aufgescheucht aus allen Nischen zum Vorschein kamen, sich jedoch, als scharf geschossen wurde, kaum mehr zeigten, weiß ich nicht. Wer in Straßburg das Münster besucht, schaue doch bitte nach.

34 Lord Bristol und die Türkentaube

Am 24. Mai 1963 waren bei Downhill fremde Rufe zu hören, in jener Gegend von Irland, wo der von Goethe mit Lust abgekanzelte und doch heimlich beneidete Earl of Bristol, zugleich der Bischof von Derry, als Weltreisender den damaligen Hoteliers ein Begriff, für seine Kunstsammlung einen Renaissancepalast, für seine Geliebte einen Tempel und für sein romantisches Gemüt einen englischen Garten eingerichtet hatte. Sie hätten zwar aus einer Blockflöte stammen können. Aber da war kein Bub, der vom Flötenspiel keine Ahnung hatte und stets aus dem gleichen Loch pfiff. Da war kein Kind, das sich eine Kuckucksflöte erbettelt hatte, jetzt aber immer den gleichen Ton hervorbrachte, weil es unmusikalisch war und zudem vergessen hatte, dass man vorn das Loch abdecken muss, um die Kuckucksterz zu flöten.

Monoton war es tatsächlich. Aber wer Ohren hatte zu hören, dem war es mehr als störender Kinderlärm, der auf die Nerven geht. Abgesehen davon war die Synkopierung interessant: di – dah – dit, di – dah – dit, als handle es sich um das *R* im Morsealphabet. Nach zwei- bis viermaligem Ruf folgte eine Pause, eine Einladung zur Antwort. Aber die Empfangsstation *R* antwortete nicht. Neuer Ruf: di – dah – dit oder ku –

kuh – ku. Keine Antwort. Neun Monate später hörte man den Ruf dort, wo ich jetzt wohne, und zwar von den herrschaftlichen Bäumen meines Nachbarn. Diesmal blieb die Antwort nicht aus. *R* hatte sie gefunden, und es wurde gebrütet. Hundert Jahre vor meiner Ankunft nistete im neugotischen Turm des hiesigen College ein Rabenpaar, zwei Jahre vor meiner Ankunft begannen die Türkentauben zu nisten. Ich kann am späten Nachmittag kaum einen Satz schreiben, ohne dass eine Türkentaube mir ein *R* sendet. Drein funkt noch die Ringeltaube mit ihrem dah – dah – di – di – dah – dah, dem Komma oder dem Ausrufezeichen. Und meine Brieftauben mischen sich ein mit di – dah – dah, *W* wie in Walter, oder di – di – dah – da, *Ü*, wie wenn sie deutsch sprechen würden, gefolgt von einem wiederholten dah, *T*. Für Antworten meinerseits habe ich an meinem Schreibtisch eine Morsetaste angebracht. Doch vorderhand fehlt es mir noch am richtigen Ton und an einem wirklich von allen Teilnehmern beherrschten Funkschlüssel.

Immerhin ist es für mich kein bloßer Zufall, dass die Türkentaube, *Streptopelia decaocto*, beim Eintreffen in unserer Gegend von Irland als erstes Ziel Lord Bristols Wohnsitz angeflogen hat. Der berühmteste Wandervogel des 20. Jahrhunderts *musste* doch seinem Widerpart aus dem 18. Jahrhundert auf die Spur kommen.

35 Wellingtons Taube

Dort, wo ich jetzt wohne, heißen die Gummistiefel „Wellies“ oder „Wellingtons“. In meiner vorkolumbianischen Zeit war dieser Wortgebrauch, wie für die meisten Bewohner der Britischen Inseln, meine einzige Beziehung zum berühmten Sieger von Waterloo. Seit ich aber die Rubrik „Pigeon Racing“ in einem *Guinness Book of Records* gelesen habe, kenne ich Arthur Wellesley, den Ersten Herzog von Wellington (1769–1852) auch als ehemaligen Rekordhalter im Taubenlangstreckenflug. Bei den Wellington-Biografen sucht man allerdings vergeblich nach Bestätigung dieses Anspruchs, und auch die Kuratoren und Kustoden der beiden Wellington-Gedenkstätten, von Apsley House in London und Stratfield Saye in Reading, wussten nichts über diesen Rekord, bevor ich sie brieflich darauf aufmerksam machte. Die Londoner *Times*, die ich mit Hilfe des leider als unzuverlässig bekannten Registers von Palmer abgesucht habe, hat mir das Ereignis auch nicht bestätigen können, obwohl gerade die *Times* zur fraglichen Zeit (1845) großes Interesse zeigte an ungewöhnlichen Leistungen von Brieftauben und selbstverständlich über alles, was den großen Herzog anging, prompt Bericht erstattete.

Eine vertrauenswürdigere Quelle als das *Guinness Book of Records* ist das jetzt sehr seltene Buch, *The*

Creation of a Strain: Tracing the Evolution of the Racing Pigeon from the Earliest Times to the Present Day von Wing-Commander W. D. Lea Rayner, N. B. E. (Teddington, Middlesex, [1955]). Die Länge des Fluges in Tagen (55) ist zwar in Rayners Buch gleich wie im *Guinness Book*. Doch die Datierung stimmt nicht überein. Da Rayner die der Taube mitgegebene Meldung zitiert, in der der Auflasstag angeführt ist, der 1. Juni, wird es sich beim 8. April, den man bei *Guinness* findet, um einen Irrtum handeln. Rayner, der unter anderem im Irland des Bürgerkriegs (1918–1922) für die britische Armee ein ganzes Netz von Brieftaubenmeldestationen aufbaute, ist durchaus überzeugt von der Authentizität dieses Flugrekords von etwa 5.000 Meilen, hat er doch eine Fotografie von Wellingtons Taube als ausgestopftes Präparat gesehen. Leider aber fehlt den Betreuern des herzoglichen Nachlasses ein solches Foto, vom ausgestopften Vogel ganz zu schweigen.

Hatte Wellington, wie Rayner glaubte, tatsächlich hinter seinem Londoner Stadtpalast, hinter oder neben Apsley House, an bester Londoner Adresse – 1, Piccadilly – einen Taubenschlag? Nach *Guinness* soll dieser sich jedoch in Nine Elms befunden haben, südlich der Themse wie Shakespeares Globe-Theater und alles, was sonst nicht ganz stubenrein war. Es ist wohlbekannt, dass der Herzog passionierter Fuchsjäger war, also hoch zu Ross über Stock und Stein einer Hundemeute beziehungsweise dem Fuchs nachsprengte. Oft soll er im Felde sein Hauptquartier dort aufgeschlagen haben, wo sich die meisten Füchse gute Nacht sagten. Ebenso bekannt ist sein rasendes Hin- und Herreiten auf seinem Vollblut Kopenhagen, womit er im Grunde genommen, den Truppen ständig auf den Fersen bleibend, Schlachten wie Waterloo in eine Fuchsjagd verwandelte. Im Übrigen war er, wie Napoleon, ein „jämmerlicher Schütze“, geradezu gemeingefährlich bei Treibjagten, wie Zuschauer und Treiber zu ihrem Leidwesen herausfanden. Ob er von der Ornithologie etwas verstand, geht leider auch aus der berühmten Anekdote nicht hervor, wonach Königin Viktoria ihn habe fragen lassen, was für einen Rat er zu erteilen habe im Zusammenhang mit den unter dem Glasdach von Crystal Palace immer lästiger werdenden Sperlingen, „sparrows“. Seine Antwort, „Versuchen Sie es mit Sperbern, ‚*Sparrow* hawks‘, Majestät“, ist nicht etwa ein Beweis für seine vogelkundliche Beschlagenheit, sondern für seine Liebe zum „pun“, dem Wortspiel.

Es mag sein, dass Arthur Wellesley in jungen Jahren den hochfliegenden Tauben von Calcutta zuschaute, dass er in Spanien vorüberziehende Ringeltaubenzüge sah und dass ihm auf seinem Lieblingslandsitz, Walmer Castle bei Dover, die Felsentauben auffielen. Wie aber, um alles in der Welt, kam er dazu, einen Offizier der königlichen Marine in einen Langstreckenflugversuch mit Tauben zu verwickeln, und zwar nicht etwa mit den damals in London eben aus Belgien eingeführten eigentlichen Brieftauben, sondern, wie Rayner nach der Begutachtung des Fotos schloss, mit aus Frankreich stammenden Fleischtauben, „Carneaux“? Zur Marine hatte Wellington dem Anschein nach noch weniger Beziehung als zu den Tauben. Ein einziges Mal, in einem amtlichen Vorzimmer, soll er Horatio Nelson begegnet sein, wobei es nur zu einem gegenseitigen Kopfnicken gekommen sei. Da er aber manchen technischen Neuerungen gegenüber aufgeschlossen war, ließ er sich doch etwas mehr mit der Schifffahrt ein, als die eisernen Dampfboote aufkamen, wobei gerade dieses Adjektiv, eisern, auf ihn überging und er fortan „the Iron Duke“ hieß. Selbst wenn es mit dem Neuen schiefging, blieb er vernünftig, wie zum Beispiel im Jahre 1822 bei der neuartigen Ohrenbehandlung durch einen gewissen John Stevenson, die bei Wellington zur totalen Taubheit auf dem linken Ohr führte. Er warf Stevenson nichts vor. Als dieser aber als Ersatzleistung eine Gratisbehandlung des rechten Ohrs vorschlug, winkte Wellington ebenso sachlich ab.

Nach Lady Elizabeth Longford soll er nichts für „pets“, Haustiere, übriggehabt haben. Für Tiere, meint sie allzu kategorisch, sei er zu „zerebral“ gewesen. Dabei könnte man an den Zögling der Militärakademie in Angers erinnern, der vor Einsamkeit und Heimweh stundenlag mit einem kleinen Terrier namens Vic auf dem Sofa und auf dem Stubenboden herumgerollt sein soll. Abgesehen davon musste sich Wellington, der bis zu seinem Tod im Jahre 1852 das Oberkommando über die Armee innehatte, wenigstens für jene Tiere interessieren, von denen damals die Stoßkraft der Truppen noch sehr wesentlich abhing. Und da mag ihn dann neben dem Schlachtvieh, den Saumtieren, den Zug- und Kavalleriepferden auch die Taube beschäftigt haben. Dass die Armeen Napoleons im Nachrichtenwesen den Engländern überlegen waren, nicht so sehr im Einsatz der Taube, der – wenn überhaupt – eine ganz minime Rolle gespielt haben muss, als in der Verwendung des optischen Telegrafen, des Semaphors, kann Wellington nicht gleichgültig gewesen sein. Im Übrigen scheint es nicht der Wahrheit zu entsprechen, dass das Bankhaus Rothschild früher als alle anderen Finanzhäuser vom Sieg bei Waterloo wussten, weil eine oder mehrere Tauben die Kunde direkt vom Schlachtfeld nach London geflogen haben. Da liegt wohl eine Verwechslung vor mit den zwischen Brüssel und Aachen verkehrenden Börsentauben der Agentur Reuter, die jedoch erst 1849 gegründet wurde.

Über den Mann, dem Wellington seine drei Fleischtauben anvertraut haben soll, „Saml. Snowden, Commander", habe ich bis jetzt leider auch nichts in Erfahrung bringen können. Am meisten interessiert mich die Frage, ob der Auflassort Snowdens zufällige Wahl war, oder ob ihm Wellington den ausdrücklichen Befehl gab, die Tauben bei der Ichaboe-Insel freizulassen, statt auf der Insel St. Helena, wo vierundzwanzig Jahre zuvor (1822) sein großer Gegenspieler, Napoleon, gestorben war.

Ichaboe, das unter 26 Grad 23 Minuten südlicher Breite und 14 Grad 56 Minuten östlicher Länge von Greenwich liegt, war tatsächlich eine Dreckinsel. Von ihr wurde damals Guano, also dank der Regenarmut trockener Vogelmist, exportiert. Im heutigen *Times Atlas of the World* („comprehensive edition", der Anspruch auf Vollständigkeit erhebt), sucht man sie vergeblich. Da muss man schon auf Karten der deutschen Kolonien zurückgreifen, wie sie etwa in *Meyers Konversations-Lexika* von vor 1914 zu finden sind. Wäre wenigstens der Name des Schiffes bekannt, könnte man sich an die Archivare der Admiralität wenden. Die Nachfrage nach Ichaboe-Guano war damals so groß, dass die Marine eingreifen musste, um Streitigkeiten unter den Schiffskapitänen zu verhindern.

Auch die Ankunft der einen der drei Tauben ist nicht eindeutig überliefert. Woher immer die McWhirters, die Herausgeber des *Guinness Book of Records*, ihre Angaben hatten, sie stimmen nicht überein mit dem, was wir bei Rayner lesen. Gemeinsam ist beiden Berichten, dass die Taube ihren Heimatschlag nicht aus eigner Kraft erreichte. Bei *Guinness* wird sie tot aufgefunden, bei Rayner zu Tode erschöpft, bei beiden gerade eine Meile vom Ziel entfernt, sei dies nun der Schlag in Nine Elms (*Guinness*) oder der Schlag bei Apsley House (Rayner). Bei der Wiedergabe des der Taube abgenommenen Textes hat sich Rayner offenbar strikt an die Orthografie des Originals gehalten:

3 PIDGEONS
thrown up 1st June, 1845, at island of ICHABOO,
Saml, Snowden, Commander

„PIDGEON" ist durchaus, eine vom 17. bis zum 19. Jahrhundert übliche Schreibweise. Am allerwenigsten lässt sich Genaues über die Flugroute von Wellingtons Taube sagen. Bei *Guinness* wird die Luftlinie von der Ichaboe-Insel nach London mit 8.700 Kilometern angegeben. Um die Wüste Sahara zu umfliegen, heißt es weiter, habe die Taube möglicherweise eine Strecke von insgesamt 11.250 km zurücklegen müssen.

In den fraglichen Monaten erschienen in der Londoner *Times* erstaunlich viele Kurzberichte über Tauben, die beachtliche Distanzen zurückgelegt hatten. So ist es unverständlich, dass die *Times* nicht über den Langstreckenflug von Wellingtons Taube berichtet hat.

Mein Freund und Internet-Genie in Houston, Texas, Archie Henderson, hat schließlich doch einen Zeitungsbericht über den Langstreckenflug von Wellingtons Taube aufgefunden, der fast ein Dutzend Mal zwischen August 1845 und Juni 1850 in aller Welt, Australien eingeschlossen, gedruckt wurde, einmal unter dem Titel „Tauben-Express aus Afrika", viermal unter „Singular Fact" und zweimal unter „Ichaboe. – The Carrier Pigeon". Hier ist meine Übersetzung:

Ein eher neuartiges Ereignis trug sich kürzlich beim Endbahnhof der Western Railway in

Vauxhall zu. Eine Brieftaube wurde in erschöpftem Zustand gesehen. Sie wurde aufgelesen, starb jedoch kurz darauf. Ein Zettel war an eines ihrer Beine geheftet. Dieser war adressiert an Seine Durchlaucht den Herzog von Wellington. Darauf stand, dass im Juli 1845 auf der Insel Ichaboe drei Tauben losgelassen wurden. Man schätzt die Distanz vom Ort der Freilassung bis London auf zwei- bis dreitausend Meilen. Der Vogel samt seinem Anhängsel wurde sogleich weitergeleitet nach Apsley House. Am folgenden Tag bestätigte der Herzog ihren Empfang in einem eigenhändigen höflichen Dankeswort an die Betroffenen. Die Taube wurde ausgestopft. Dabei stellte man fest, dass sie angeschossen worden war. Sonst hätte sie zweifellos ihre Heimat erreicht. Und es wird angenommen, dass sie nicht die Kraft hatte, über die Themse zu fliegen.

36 Onkel Franz, der Taubensoldat

Auch dort, wo ich herkomme, ist vieles am Aussterben, nicht nur die gewöhnlichen Wirtschaften, mit „Jassteppich" (die Tischmatte für das Kartenspiel), Schiefertafel und Gratisstreichhölzern, sondern auch die Mannen, die am Stammtisch ihre Erlebnisse aus der Grenzbesetzung von vierzehnachtzehn zum Besten geben. Selbst die Reihen der Geschichtenerzähler, die neununddreißig bis fünfundvierzig dabei waren, lichten sich. Was aber mein Onkel Franz als deutscher Soldat im Ersten Weltkrieg erfahren hat, ist nach aller Wahrscheinlichkeit nie einer Wirtshaustafelrunde erzählt worden. Dabei hätten seine Zuhörer von ihm auch etwas über Tauben nach Hause tragen können, so stelle ich es mir wenigstens vor:

Kurz vor dem Ende des Krieges sei er noch den Brieftäublern zugeteilt worden, sagte Onkel Franz und wischte sich den Bierschaum vom Schnäuzchen. Er sei nur noch bedingt kriegsverwendungsfähig gewesen. Zuerst habe er immer nur ausmisten müssen. Es sei schon unheimlich, was vierzig Tauben so alles zusammenscheißen. Überhaupt sei ihm alles neu gewesen, da er sich zu Hause nie mit Tieren abgegeben habe. Man müsse nicht etwa glauben, die Tauben seien nur mit Meldeflügen beschäftigt gewesen. Man habe sie alle verpaart gehalten, und sie hätten wacker Eier gelegt, gebrütet und Junge gefüttert. Nachwuchs hätten sie immer brauchen können, denn es seien ja leider nicht immer alle Tauben zurückgekommen. Als dann noch Neuere das Ausmisten übernehmen mussten, sei er Buchhalter geworden. Da habe er Datum und Zeit der Eiablage und des Schlupfes genau notieren müssen, und er habe auch gelernt, den fünf oder sechs Tage alten Jungen den Fußring anzulegen. Das Training der Jungen habe der Feldwebel aber immer selbst übernommen. Der sei ein richtiger Taubennarr gewesen und habe jeden, der die Tauben falsch anfasste, ganz schön angesungen. Die Jungtauben hätten einen Wagen für sich gehabt. Man müsse wissen, dass nur fahrbare Taubenschläge verwendet worden seien, an die man Pferde angespannt habe. Diese Wagen habe man ohne weiteres einige Kilometer verschieben können. Die Tauben hätten ihr Heim dennoch wiedergefunden. Die Inneneinrichtung sei wieder etwas ganz für sich gewesen, fast wie eine Einbauküche. Die dem Ausflug gegenüberliegende Seitenwand habe vier Reihen mit je fünf Nistzellen enthalten. Sitzregale seien nicht nötig gewesen, weil jede Zelle mit einem Lande- oder Sitzbrettchen versehen gewesen sei. Bei brütenden Paaren seien immer nur die Täuber auf Meldeflüge geschickt worden, bei Paaren mit Nestjungen sowohl die Täuber als auch die Täubinnen. Täubinnen säßen bekanntlich von vier Uhr nachmittags bis zehn Uhr morgens ununterbrochen auf den Eiern, und wenn der Täuber abwesend sei, sogar die ganzen vierundzwanzig Stunden. Täuber hingegen hörten oft mit dem Brüten ganz auf, wenn die Täubin mehr als einen Tag fernbleibe. Andererseits seien Täuber besser im Füttern der Nestjungen als die Täubinnen. Als Brieftaubenwärter hätten sie alles unternehmen müssen, um die Brut zu retten, wenn die Eltern nicht zurückgekommen seien. Man habe sogar Eier mit Wärmflaschen warmgehalten, und er selber habe manchmal die gelben Nestjungen mit aufgeweichtem Korn aus seinem eigenen Munde fressen lassen. Er sei allerdings nicht lange genug bei den Brieftäublern gewesen, um den ganzen Betrieb aus dem Effeff kennen zu lernen. Der Krieg sei dann eines Tages auf einmal zu Ende gewesen. Aber vorher habe er noch ein Erlebnis gehabt, das er eigentlich gar nicht gern erzähle, weil er dabei solche Angst gehabt habe.

Seine Gesundheit sei beim Taubendienst erstaunlich schnell besser geworden. Die Atembeschwerden vom Lungenschuss, der ihm in den Schützengräben um Verdun verpasst worden war, seien fast verschwunden, und die Wunden am Bauch und am linken Oberschenkel von Schrapnell-Splittern seien auch schon schön vernarbt gewesen. Da habe ihn der Feldwebel zum Taubenträger befördert, und er habe immer nachts von der Divisionsnachrichtenabteilung, wo die fahrbaren Taubenschläge gewesen seien, nach vorne in die Gefechtsstände einen Kasten Tauben tragen müssen. Munitions- und Sanitätsfuhrwerke habe es zum Aufsitzen genug gegeben, natürlich je nach Kampftätigkeit. Aber die letzte Strecke habe er immer zu Fuß gehen müssen, denn sie habe meistens durch Laufgräben geführt. Die Leuchtraketen und die verschiedenartigen Detonationen seien ihm natürlich von seiner Schützengrabenzeit vertraut gewesen, und er sei so froh gewesen, dass er aus den Gräben immer gleich wieder zur Division zurückkehren konnte. Die Kameraden in den Löchern hätten ihm leidgetan. Das sei nämlich grässlich, wenn man so verlaust sei, und wenn einem nachts die Ratten übers Gesicht klettern.

Der Taubenkasten habe gut seine 25 kg gehabt, wenn die üblichen zwanzig Tauben drin gewesen seien. Verglichen mit dem Schleppen von Munitionskästen und Maschinengewehrteilen sei das ja kein Gewicht gewesen. Immer wenn am Himmel eine Leuchtkugel geplatzt sei, hätten die Tauben ein kurzes Gurren von sich gegeben. Aber bei heftigen Einschlägen habe er im Kasten eine leichte Veränderung der Gewichtsverteilung gespürt; denn die Tauben hätten sich, wohl aus Angst, aus der einen Ecke in die andere gedrängt.

Da sei er also eines Nachts wieder mit zwanzig Tauben zum Gefechtsstand der dritten Kompanie unterwegs gewesen. Geregnet habe es nicht mehr, aber da seien noch überall Pfützen gewesen, was nachts natürlich verhängnisvoll sein könne. Es seien so viele Leuchtraketen aufgestiegen, dass er ein paarmal an die Erstaugustfeier in der Schweiz gedacht habe. Aber plötzlich sei es ihm klar geworden, dass er die Orientierung verloren hatte. Er sei an einen Bach gekommen, von dem er vorher gar nichts gewusst habe. Wenigstens habe er sich ins Weidengebüsch drücken können, um während des stärksten Leuchtens Deckung zu haben. Er habe aber wirklich keine Ahnung mehr gehabt, in welcher Richtung der Gefechtsstand zu finden war. Schon habe er so halb beschlossen, den Tag im Weidengebüsch abzuwarten, da sei er vor Schreck vollkommen erstarrt. Mindestens sechs Gewehrläufe seien da auf einmal auf ihn losgekommen, als gerade wieder eine Leuchtrakete aufgestiegen sei. Trotz der Lähmung habe er am Helm sofort gesehen, dass es Franzosen waren. Als Brieftaubenträger habe er die Schusswaffe angehängt getragen, und zum Abnehmen sei es viel zu spät gewesen. Da hätten die Tauben im Kasten, wie eben üblich bei Leuchtraketen, zu gurren angefangen. Und da seien die Franzosen auch wie erstarrt gewesen. Nach dem Verglimmen der Leuchtkugel hätten sie alle zu kichern angefangen, hätten die Gewehre abgelegt und seien ganz nahe hinten an ihn herangetreten. Jetzt hätten die Tauben nicht mehr gegurrt. Nach einem Abtasten habe einer schließlich die Öffnungsklappe gefunden, habe seine Hand ins Innere gesteckt und eine Taube nach der anderen herausgezogen und seinen Kameraden überreicht. Ganz ohne Kenntnisse im Taubenfach seien die alle wohl nicht gewesen. Sonst hätte es ein entsetzliches Flügelflattern gegeben. Er habe sich nur zu gut vorstellen können, was sie mit den Tauben vorhatten. Bevor er sie vor dem Abendbrot im Kasten verpackt habe, seien sie noch auf dem Schlagdach gewesen und hätten sich, seitwärts liegend und mit gespreizten Federn, behaglich einem Sonnenbad hingegeben. Jetzt habe ihm der Gedanke an den Mord der eben noch so munteren Tauben fast das Herz abgedrückt. Wie er gleich gemerkt habe, seien seine Franzosen durchaus mit dem Taubendruck vertraut gewesen. Jeder habe, wenn ihm eine Taube gereicht wurde, am Hals gezogen und gedreht, was er zwar in der Dunkelheit nicht gesehen, aber gehört habe. Nach der Plünderung des ganzen Kastens seien die Franzosen mit den geschlachteten Tauben an die Gewehre zurückgegangen. Französisch habe er in der Schule auch ein bisschen gelernt, aber er sei in jeder Hinsicht sprachlos gewesen.

Da sei der Korporal der Franzosen auf ihn zugekommen und habe ihm das Gewehr von der Schulter gerissen. Der Gedanke an Kriegsgefangenschaft sei ihm zwar nicht das schlimmste gewesen, aber er habe sich doch geschämt, dass er so mir nichts dir nichts überrumpelt worden war. Doch jetzt habe wenigstens der Korporal einige Worte gefunden. „Wir lieben essen das. Wir gehen. Du wiederkommen. Mehr von das. Adieu". Und dann sei die ganze Gruppe lachend mit ihrer Taubenbeute abmarschiert. Bei Tageslicht habe er den Weg zur Division ohne weiteres wiedergefunden.

37 Shakespeare und die Tauben

In Wendell Mitchell Levis' *The Pigeon*, dem gewichtigsten Buch des Taubenfachs – es wiegt über fünf Pfund –, das Taubenbibliograf Möbes, ein Deutscher, „das Taubenbuch [des zwanzigsten] Jahrhunderts" genannt hat und das in der Taubengemeinde vielerorts zur Bibel geworden ist, steht geschrieben, dass auch Shakespeare einer der unseren war. Wie sonst hätte Shakespeare wissen können, dass Tauben „goldne Paare" ausbrüten, also in der Regel zwei Junge haben, die anfangs von goldgelben Daunenhaaren bedeckt sind? Wie sonst hätte Shakespeare wissen können, dass die Jungtaube in den ersten Tagen ein Säugling ist, eine „sucking dove", also durch die in der Tierwelt einzig dastehende Kropfmilch ernährt wird. (Auch Schiller muss einer der unseren gewesen sein. Wie sonst wäre er auf die „Milch der frommen Denkart" gekommen?) Und wie sonst hätte Shakespeare wissen können, dass Tauben, der auch von Hamlet angerufenen Gallenlosigkeit zum Trotz, ihre sprichwörtliche Sanftmut verlieren, wenn es ums Weibchen oder die Brut geht?

Man mag einwenden, Shakespeare hätte sich das alles auch aus schriftlichen Quellen aneignen können. Schon damals gab es die berühmten Vogelbücher von William Turner und von Conrad Gesner. Doch schon Robert Fulton, Levis' Vorgänger als Taubenpapst, war der Meinung, dass Shakespeare ein Amtsbruder war, was den Herausgeber der *Variorum Edition* zu den Fragen veranlasste, ob es auf der Welt überhaupt noch eine Berufsgruppe gebe, die Shakespeare nicht in ihre Zunft aufgenommen hat, und ob irgendjemand je gedacht hätte, dass Shakespeare eines Tages noch den Taubennarren zugezählt würde.

Andere mögen die Nase rümpfen. Ich meinerseits habe Shakespeare schon immer mit der Taubenzucht in Verbindung gesehen. Fast zwei Jahrzehnte vor dem Anbruch meiner kolumbianischen Zeit kam ich erstmals nach Wilmcote. In diesem, eine Wegstunde von Stratford gelegenen, Weiler steht das Haus von Mary Arden, eine von den meisten Shakespeare-Pilgern vernachlässigte Sehenswürdigkeit. Darum wissen die meisten nicht, dass dieser seit der Tudorzeit kaum veränderte Bauernhof vorn an der Straße – damit kein Vorübergehender ihn übersehen konnte, denn er war damals ein Statussymbol des Freisaßen – einen Taubenturm hat. Wer das seit 1930 dem Shakespeare Birthplace Trust gehörende Anwesen besucht und den gesetzteren Frauen aus dem Mittelstand, die den Besucher (meist eben im Singular!) liebenswürdig betreuen, aufmerksam zuhört, wird um ein ganzes Kapitel Taubenkulturgeschichte reicher durchs Leben gehen.

Zu den Erzeugnissen von Robert Arden, Shakespeares Großvater mütterlicherseits, gehörten, neben dem Vieh und den Feldfrüchten, acht Töchter und mindestens 657 Taubenpaare; denn so viele Nistlöcher zählt man im Mauerwerk des viereckigen „Dovecote", dessen Innenmaße circa vier mal fünf Meter sind, bei einer Höhe von etwa fünf Metern bis zur Dachschräge und einer solchen von insgesamt neun Metern bis zum west-östlich verlaufenden Dachfirst. Als William ein Knabe war, lag der Großvater schon über ein Jahrzehnt unter der Erde und alle Töchter, bis auf eine, hatten geheiratet und waren ausgeflogen. Dem Hof noch immer treu waren nur die Tauben, und mit diesen muss auch Shakespeare in Berührung gekommen sein, denn es wäre unsinnig anzunehmen, dass der Sohn der Haupterbin dieses stattlichen Bauernguts den Taubenturm nie betreten hat. Ob sich damals die Liebespaare in die Taubentürme verkrochen, ist nirgends nachzulesen. Jedoch kommt, da William nicht der Erstgeborene war, eine Zeugung des Dichters im Taubenturm in Wilmcote nicht in Frage.

Auf die Schönheit der Tiere kam es bei der elisabethanischen Taubenhaltung nicht an, obwohl Tauben, wie gesagt, mit dem Standesbewusstsein des freien Bauern verknüpft waren. Es muss aber viele weiße und andere hellfarbige Tiere gegeben haben. Wie hätte man sie sonst dem schwarzen Rabenfolk, dem Sündigen, entgegenhalten können? Im Vordergrund stand aber der wirtschaftliche Nutzen, wie bei den Römern, von denen das mittelalterliche Europa die Fleischtaubenzucht wahrscheinlich direkt übernommen hat. Dieser Abkömmling der Felsentaube wurde in den getreideanbauenden Ländern zum Kulturfolger, als er auch abseits von Klippen und Felslöchern Nistgelegenheiten fand. Der Ackerbauer brauchte nur einen Taubenturm zu bauen, ein paar noch nicht ganz flügge gewordene Jungtauben durch Fütterung während kurzer Zeit an ihn zu gewöhnen, und schon hatte er in wenigen Jahren hunderte von Tauben, die ihm gebraten ins Maul flogen. Fütterungsspesen entstanden dabei fast keine. Auf umliegenden Feldern, ob sie nun dem Freisaßen gehörten oder nicht, gab es immer etwas zu holen, seien es Unkrautsamen, Saatgut oder reifes Korn. Begreiflicherweise waren die Pächter und Häusler, denen es nicht gestattet war, Tauben zu halten, nicht gut zu sprechen auf diese Körnerdiebe. Während der Französischen Revolution wurden Tauben zu einem Politikum, die Tauben zum fleischgewordenen Symbol oder Sündenbock der zu stürzenden Feudalmacht. Die Türme wurden geschleift, die Tauben vermutlich verspeist. In den Jahren darauf soll in Frankreich die Getreideernte schlechter ausgefallen sein, weil es keine Tauben mehr gab, die rechtzeitig die Unkrautsamen vertilgten. Heute, wo auch in Südengland kein Bauer mehr Fleischtauben hält, richtet die von den neuen landwirtschaftlichen Methoden stark profitierende Ringeltaube mehr Schaden an als früher irgendeine andere Taubenart. Dabei wäre dieser Schaden leicht wettzumachen, wenn mehr dieser genießbaren Vögel auch gewöhnlichen Leuten in die Bratpfannen flögen, ebenso wohlfeil wie ein Hähnchen.

Frisches Fleisch, so erklären die Wilmcoter Frauen, war zu Shakespeares Zeiten oft ein rarer Artikel. Da wenig Heu geerntet, kein Winterklee und keine Rüben gesät wurden, reichte im Winter das Futter nur für Zuchttiere. Alles übrige Vieh musste geschlachtet werden. Was vom Rind, vom Ochsen oder Kalb nicht eingesalzen wurde, zum Beispiel als Proviant für die englischen Seefahrer, die es dem Kolumbus gleichtun wollten, war sofort zu verspeisen. Man kann sich vorstellen, dass bei diesen Hausschlachtungen, die in der Schweiz „Metzgeten" heißen, den Teilnehmern das Fleisch richtiggehend zum Hals heraushing. Doch zur Weihnachtszeit, zu Ostern oder Pfingsten war auch für die Freibauern und die Adligen der Braten auf dem Dach und nicht in der Hand. Es sei denn, sie konnten in die Nistlöcher im Taubenschlag greifen. Zu Ostern und Pfingsten gab es auch schon die zarten Jungtauben, die leckeren „Squabs", die in Amerika schon seit über hundert Jahren, d. h. seit dem Aussterben der Wandertaube, fabrikmäßig gezüchtet werden. In Wilmcote wird man an Festtagen Dutzende von Tauben geschlachtet haben. Es muss darauf angekommen sein, wie viele der acht Töchter mit ihrem Anhang am Schmaus teilnahmen. Wenn es stimmt, dass Williams Vater auch einmal Metzger war, wird er den knapp vierwöchigen Vögeln den Taubendruck gegeben haben. Beim Rupfen mussten aber alle mithelfen und dabei ja kein Deck- oder Daunenfederlein in den Schmutz fallen lassen; denn die kamen gleich ins Kopfkissen.

Gebraten wurden die Tauben über dem Feuer. Es gab waagrecht hängende schmiedeeiserne Ringe von etwa einem halben Meter Durchmesser mit einem Dutzend oder mehr Fleischerhaken – und einer ist noch heute im Haus von Mary Arden zu sehen. An diesen schmorten die Täubchen, bis sie goldbraun vom Feuer zu den Essern getragen, von diesen in die Hand und ins Maul genommen wurden.

Während Schweizer Buben aus der Stadt, wenn sie bei Verwandten oder Bekannten auf dem Land zu Besuch waren, im Heustock verschwanden, begaben sich William und die anderen Buben aus Stratford, wenn sie in Wilmcote auf Besuch waren, ins Taubenhaus. Die Hauptattraktion der als Rundtürme gebauten Taubenschläge, von denen der Pilger im Shakespeare-Land ebenfalls ein Beispiel bewundern kann, war die mit dem französischen Wort „potence" bezeichnete Leiter. An einem vom Boden bis zum Dach reichenden, drehbaren Mastbaum waren Querbalken so verzapft, dass man auf der daran befestigten Leiter alle Taubennischen erreichen konnte. Es war aber gut, dass Robert Ardens Taubenturm viereckig war. Sonst hätten William und die anderen die Tauben gar nicht beachtet und hätten auf der Drehleiter nur Allotria getrieben.

Durch den Dachreiter konnten die Tauben jederzeit aus- und einfliegen. So herrschte den ganzen Tag ein Kommen und Gehen, wie es sich für einen Taubenschlag gehört. Die Erwachsenen konnten ungestört am Kamin die Verwandten und Nachbarn durchhecheln.

Den Buben bei den Tauben wurde es nicht langweilig. Allein das Problem, wie sie in diesem viereckigen Turm mit Handleitern alle 657 Nistlöcher erlangen konnten, brachte Abwechslung genug. Da war es wie in einer altväterlichen Bibliothek mit Anstellleitern und Regalen bis hinauf zur Decke. Der Taubenschlag in Wilmcote als Shakespeares erste Bücherei, jedes Taubennest ein Buch, manchmal mit faulen Eiern, manchmal mit toten Nestlingen, sonst aber mit wachsendem, buntem Leben. Hie und da auch, aus dem dunkelsten Mauerloch, das reinste Weiß. Vielleicht hatte Shakespeare eine Lieblingstaube, die er in der Hand nach Stratford mitnahm und die, obwohl er sie mit Brosamen, Streicheln und Koseworten verhätschelte, immer wieder nach Wilmcote zurückflog, dem Ort, an dem ursprünglich nichts von Bedeutung stand als der „cote", der (Tauben-)Schlag eines gewissen William. Dachten Shakespeares Eltern an diese Bewandtnis, als sie aus dem dritten Kindbett endlich einen Stammhalter in die Arme schlossen und ihn William tauften?

Shakespeare hat auch in London seine Beziehungen zu den Tauben nicht abgebrochen. Die Trafalgar Square-Tauben, samt des so benannten Platzes, gab es zwar noch nicht, und seit uns Sir Laurence Olivier in seiner Verfilmung einer im Globe-Theater stattfindenden *Heinrich V.*-Aufführung das damalige London aus der Vogelschau gezeigt hat, können wir es den Tauben nicht übelnehmen, dass sie diese Stadt damals, im Gegensatz zu heute, links liegen ließen. Statt in Taubennestern musste Shakespeare in London in Büchern nachschauen, um Tauben zu finden. Bei poetischen Texten war die Suche leicht; denn neben der Nachtigall kam da immer wieder einmal die Turteltaube vor, jener früher in England nicht sehr häufige Sommergast, der aber, weil er als Stubenvogel gehalten wurde und seine Balz, Brunst usw. dem indiskreten menschlichen Auge nicht verborgen bleiben konnte, schon Jahrhunderte vor Ella Fitzgeralds „Lullaby of Birdland" zum Inbegriff des Verliebtseins wurde.

Diesen Gemeinplatz, also die verliebten Turteltauben, gibt es auch ein paarmal in Shakespeares Stücken. Aber, wie wenn Shakespeare dem Topos zu entrinnen versuchte, schrieb er meistens statt „turtle" oder „turtle-dove" nur entweder „dove" oder „pigeon", wobei zwischen diesen beiden Wörtern, außer für unwissende Pedanten, kein wesentlicher Unterschied besteht. Jemand, der in Wilmcote das Ganze der Taubenzucht kennengelernt hatte, konnte unmöglich das Aufblühen der internationalen Rassetaubenzucht verpasst haben. Dass Shakespeare die Einfuhr fremder Tauben und die Heranzucht der Rassen mit Interesse verfolgte, beweist wohl die Tatsache, dass er in der englischen Sprache der erste Dichter war, der in seinem literarischen Werk, wenn auch nur zu Vergleichszwecken, einen Rassetaubennamen verwendete. Als er *Wie es euch gefällt* verfasste, scheint die Indianertaube in der Londoner Taubengemeinde viel Aufsehen erregt zu haben. Es handelt sich hierbei um eine Warzentaube, über deren

Ursprungsland jede taubenzüchtende Nation anderer Meinung ist. Die Franzosen nannten sie Polentaube, die Engländer *Columba numidica seu cyproca*, und ein früher Taubenautor fand, sie sei eigentlich dasselbe wie die Türkentaube – nicht zu verwechseln mit der westwärts drängenden Wildtaube, der *Streptopelia decaocto*, die im Grunde genommen Balkantaube heißen sollte. Seit man sich im Deutschen auf den Namen Indianer geeinigt hat, spielt dies zwar keine Rolle mehr und zeigt nur noch, dass Fremdes, sei es zurecht oder unrecht, gern den Türken zugeschoben wird. Man denke an Türkenkorn für Mais und Türkentrank für Kaffee. Das Wort Indianer ist allerdings, seit der Zeit des Seefahrers mit dem Taubennamen, zweideutig. So dachten die Berliner Züchter unserer Warzentaube statt an eine östliche, an eine westliche Herkunft und tauften sie Amerikaner, beziehungsweise, weil ihre Aussprache des Worts „American" zu wünschen übrigließ, Möriken.

Zweideutigkeit herrscht auch beim jetzt üblichen Wort „barb". Damit könnte auch ein Berberhengst gemeint sein. In der Shakespeare-Zeit ließ man es an Deutlichkeit nicht fehlen und einigte sich auf „Barbary pigeon", nicht zu verwechseln mit der heutigen Bedeutung von „Barbary Dove"; denn damit meint man die *Streptopelia risoria*, im Deutschen die Lachtaube, in Linnés Latein *Columba risoria*, wobei nicht klar ist, welcher Name das Original ist und welcher die Übersetzung. Sie ist ein in Gefangenschaft gehaltener Abkömmling der *S. roseogrisea* und kann, wenn sie entkommt, mit der *S. decaocto* verwechselt werden, also der Türkentaube. Man hüte sich auch zu glauben, englisch „Laughing Dove“ sei das gleiche wie deutsch „Lachtaube“. Der wissenschaftliche Name ist *Streptopelia senegalensis* und der deutsche Trivialname Palmtaube. Im Übrigen kann auf Englisch die „Laughing Dove“ auch Palm Dove heißen.

In den über 400 Zuchtjahren, seit der Entstehung von *Wie es euch gefällt*, hat sich der Indianer, Shakespeares „Barbary Pigeon“, gewaltig verändert. In der Musterbeschreibung hat man seinen Kopf auch schon mit einer Fadenspule verglichen, wobei die riesigen Augenränder, die zudem knallrot sind, den der Spule aufgeklebten Etiketten entsprechen. Während dieser Fadenspulenkopf den Züchter mit höchstem Entzücken erfüllt, erfüllt er den Biologen mit höchster Abscheu, denn da ist der rote Faden der natürlichen Entwicklung schon längst abgespult. Wegen des verbildeten Schnabels müssen zur Aufzucht der Jungen Ammentauben herangezogen werden, zum Beispiel ganz gewöhnliche Brieftauben. Wie wir einer Abbildung aus dem siebzehnten Jahrhundert entnehmen, waren damals die Nasenwarze und die Augenringe noch so klein, dass sie weder bei der Futteraufnahme, noch beim Füttern der Jungen hinderlich gewesen sein können. Aber schon um 1600 muss die Rasse, wie seither alle Warzentauben, durch ihr zänkisches, mürrisches Benehmen aufgefallen sein. Wie hätte es sich für Shakespeare sonst gelohnt, statt einfach einer Taube, einen Barbary-Täuber zu bemühen. Daran hat August Wilhelm Schlegel nicht gedacht, als er in seiner Übersetzung der fraglichen Stelle „Turteltauber“ verwendete:

> Ich will eifersüchtiger auf Dich sein als ein Turteltauber auf sein Weibchen.

Das schlimmste ist, dass er mit der Turteltaube eine baumbrütende Taubenart wählte. Bei einer solchen bestehen während der Brutzeit strenge Reviergrenzen, sodass der Täuber in der Regel seiner Vaterschaft sicher sein kann. Schlegel hätte unbedingt eine höhlenbrütende Art, am besten gleich eine domestizierte Rasse der *Columba livia* verwenden sollen, denn bei dieser ist Eifersucht auf der Tagesordnung. Das sogenannte Treiben des Täubers kann als Eifersuchtshandlung *par excellence* interpretiert werden. Er jagt seine Täubin von allen Orten weg, wo er befürchtet, es könnte ein Nebenbuhler an seiner Stelle die Begattung besorgen. Da die Tauben in Wilmcote unbeschränkt Freiflug hatten und so das Treiben nicht im Turm stattfand, lernte Shakespeare die Taubeneifersucht erst richtig bei den Londoner Züchtern der „Barbary Dove“, deutsch der Indianer-Taube, kennen. Daher heißt es im Original der oben zitierten Übersetzung von Schlegel:

> I will be more jealous of thee than a Barbary cock-pigeon over his hen.
> *As You Like It,* 4. Akt, 1. Auftritt, 151.

Bei dieser Stelle muss man sich an die Schwäche der Elisabethaner für das „pun", das Wortspiel, erinnern. „Barbary cock-pigeon" passte darum so gut in Shakespeares Konzept, weil mit „Barbary" damals sowohl die Berberei, also die sarazenischen Küstenländer im westlichen Nordafrika gemeint sein konnten, als auch die Barbarei, die unzivilisierte Rohheit. Die Täuber, die William als Bub lieben lernte, waren nicht so. Erst in London sah er bei den auf neue Rassen erpichten Züchtern einen solchen „Streithahn" von Täuber, und mit dem lässt er in seiner Komödie Rosalind scherzhaft mit ihrer Eifersucht prahlen.

Goethe sagte „Shakespeare und kein Ende". Ich sage Tauben und kein Ende.

FSC
www.fsc.org
MIX
Papier | Fördert gute Waldnutzung
FSC® C083411

Zeitfracht Medien GmbH
Ferdinand-Jühlke-Straße 7
99095 Erfurt, Deutschland
produktsicherheit@kolibri360.de

Druck:
CPI Druckdienstleistungen GmbH
im Auftrag der
Zeitfracht Medien GmbH
Ein Unternehmen der Zeitfracht - Gruppe
Ferdinand-Jühlke-Str. 7
99095 Erfurt